Chainerで作る
チェイナー
コンテンツ自動生成AI
プログラミング入門

Toshiyuki Sakamoto
坂本俊之 著

C&R研究所

■権利について

- Chainerは株式会社Preferred Networksの日本およびその他の国における登録商標または出願中の商標です。
- その他、本書に記述されている社名・製品名などは、一般に各社の商標または登録商標です。
- 本書では™、©、®は割愛しています。

■本書の内容について

- 本書は著者・編集者が実際に操作した結果を慎重に検討し、著述・編集しています。ただし、本書の記述内容に関わる運用結果にまつわるあらゆる損害・障害につきましては、責任を負いませんのであらかじめご了承ください。
- 本書は2017年6月現在の情報で記述しています。

■サンプルについて

- 本書で紹介しているサンプルは、C&R研究所のホームページ(http://www.c-r.com)からダウンロードすることができます。ダウンロード方法については、4ページを参照してください。
- サンプルデータの動作などについては、著者・編集者が慎重に確認しております。ただし、サンプルデータの運用結果にまつわるあらゆる損害・障害につきましては、責任を負いませんのであらかじめご了承ください。
- サンプルデータの著作権は、著者およびC&R研究所が所有します。許可なく配布・販売することは堅く禁止します。

●本書の内容についてのお問い合わせについて

　この度はC&R研究所の書籍をお買い上げいただきましてありがとうございます。本書の内容に関するお問い合わせは、「書名」「該当するページ番号」「返信先」を必ず明記の上、C&R研究所のホームページ(http://www.c-r.com/)の右上の「お問い合わせ」をクリックし、専用フォームからお送りいただくか、FAXまたは郵送で次の宛先までお送りください。お電話でのお問い合わせや本書の内容とは直接的に関係のない事柄に関するご質問にはお答えできませんので、あらかじめご了承ください。

〒950-3122 新潟県新潟市北区西名目所4083-6　株式会社 C&R研究所　編集部
FAX 025-258-2801
「Chainerで作る コンテンツ自動生成AIプログラミング入門」サポート係

PROLOGUE

　IT関連の業界においては、めまぐるしい速度で技術が進歩していくのはもはや当然となっていますが、それでもここ数年における人工知能の発展度合いには、驚きを通り越してある種の畏怖すら覚えさせられるものがあります。

　特に、現在の第三次人工知能ブームを牽引しているニューラルネットワークは、ただ単に柔軟な判断を行うことができるというだけではなく、人間の知性にとっての「聖域」であったはずの、創作に類するような処理すら行えるようになりました。

　もっとも、そのようなことを人工知能にさせて、何の意味があるのだという問いも存在することでしょう。しかし、純粋な技術的側面だけを見ても、コンテンツの生成を行うニューラルネットワークを作成するには、GANのように学習手順を工夫したり、RNNのようにネットワークを工夫したりするなど、さまざまな手法に対して工夫を凝らす必要があります。

　そのため、たとえば、画像認識のような比較的単純な応用ではなく、より複雑な動作をする人工知能を作成しようとなったときに、それらの手法に対する知識が大きな助けになるのです。

　本書ではChainerというフレームワークを使用して、コンテンツを生成するタイプの人工知能を作成していきます。Chainerではさまざまなタイプのニューラルネットワークを扱うことができますが、本書で紹介する手法は、Chainerを使ってさまざまな問題を解こうとする際に、きっといいヒントになってくれるでしょう。

　また、本書で紹介する手法の多くは、論文としてすでに発表されているものですが、本書ではそれらの手法やニューラルネットワークの動作について、ディープラーニング技術に関する初心者でも理解できるようにできるだけわかりやすい解説を試みています。

　北欧神話には、飲めば誰でも天才的な詩人になれるという蜜酒が登場します。

　現在の人工知能はまだ、本物のインスピレーションを生み出す神々の蜜酒にはなれていないかもしれませんが、そのようになる可能性が詰まった宝箱ではあります。

　読者の皆様には、本書を通じて、ディープラーニング技術と人工知能の可能性を学んでいただければと思います。

2017年11月

坂本　俊之

本書について

対象読者について

本書は、Pythonでの開発経験がある方を読者対象としています。本書では、Pythonの基礎知識については解説を省略しています。あらかじめ、ご了承ください。

本書の動作環境について

本書では、下記の環境で執筆および動作確認を行っています。

- Ubuntu 16.04 LTS
- Python 3.5.2
- Chainer 3.0.0

参考文献について

本文中に「[3-1]」「[3-2]」などの脚注がある参考文献については、巻末の262 ～ 263ページに一覧をまとめてありますので、詳細はそちらをご確認ください。

サンプルコードの中の▼について

本書に記載したサンプルコードは、誌面の都合上、1つのサンプルコードがページをまたがって記載されていることがあります。その場合は▼の記号で、1つのコードであることを表しています。

サンプルファイルのダウンロードについて

本書で紹介しているサンプルデータは、C&R研究所のホームページからダウンロードすることができます。本書のサンプルを入手するには、次のように操作します。

❶ 「http://www.c-r.com/」にアクセスします。

❷ トップページ左上の「商品検索」欄に「234-1」と入力し、[検索]ボタンをクリックします。

❸ 検索結果が表示されるので、本書の書名のリンクをクリックします。

❹ 書籍詳細ページが表示されるので、[サンプルデータダウンロード]ボタンをクリックします。

❺ 下記の「ユーザー名」と「パスワード」を入力し、ダウンロードページにアクセスします。

❻ 「サンプルデータ」のリンク先のファイルをダウンロードし、保存します。

サンプルのダウンロードに必要な
ユーザー名とパスワード

| ユーザー名 | **chnr** |
| パスワード | **sk234** |

※ユーザー名・パスワードは、半角英数字で入力してください。また、「J」と「j」や「K」と「k」などの大文字と小文字の違いもありますので、よく確認して入力してください。

サンプルファイルの利用方法について

サンプルはZIP形式で圧縮してありますので、解凍してお使いください。

CONTENTS

CHAPTER 01

ニューラルネットワークとは

001 ニューラルネットワークの基礎知識 ……………………………………… 10

002 ニューラルネットワークの学習 ………………………………………… 13

003 ニューラルネットワークの実装 ………………………………………… 16

CHAPTER 02

Chainerの基礎

004 Chainerのインストール ………………………………………………… 26

005 機械学習を行う …………………………………………………………… 37

006 学習したニューラルネットワークを使う ……………………………… 48

CHAPTER 03

超解像画像の作成

007 ニューラルネットワーク作成の下準備 ………………………………… 54

008 超解像ネットワークの学習 ……………………………………………… 61

009 超解像の実行……………………………………………………………… 73

CONTENTS

● CHAPTER 04

画像の自動生成

010 画像の自動生成 ……………………………………………………… 82

011 DCGANの学習 …………………………………………………… 85

012 DCGANの実行 ………………………………………………… 100

013 任意の特徴を持つ画像の生成 ………………………………… 106

● CHAPTER 05

画像のスタイル変換

014 画像のスタイル変換 ……………………………………………… 114

015 スタイル変換を実装する ……………………………………… 120

● CHAPTER 06

文章の自動生成

016 自然言語処理の基本 ……………………………………………… 136

017 教師データの用意 ………………………………………………… 142

018 教師データを学習させる ……………………………………… 147

019 文章を自動生成する …………………………………………… 157

CONTENTS

CHAPTER 07
意味のある文章の自動生成

020 品詞の並びを推測する ……………………………………………… 170

021 文章の意味を推測する ……………………………………………… 177

CHAPTER 08
機械翻訳

022 encoder-decoder翻訳モデル ………………………………………… 190

023 対訳データを機械学習させる ……………………………………… 195

024 実際の学習プログラム ……………………………………………… 199

025 機械翻訳を行う ……………………………………………………… 218

CHAPTER 09
画像のキャプションの生成

026 Neural Image Caption ……………………………………………… 230

027 Neural Image Captionの学習 ……………………………………… 233

028 画像から文章を作成する …………………………………………… 252

CONTENTS

COLUMN

▶ディープラーニングでGPUを使用する理由 ……………………………………… 36

▶スクレイピングに利用できるライブラリ ………………………………………… 60

▶AI創作物と著作権 ………………………………………………………………… 119

▶ディープラーニングが黒魔術と呼ばれる理由 ………………………………… 168

●索 引 ……………………………………………………………………………… 260

●参考文献 …………………………………………………………………………… 262

CHAPTER 01
ニューラルネットワークとは

SECTION-001

ニューラルネットワークの基礎知識

▶人工知能開発の歴史

本書では、ディープラーニング技術およびニューラルネットワークを使用した人工知能について、実際の実装方法や機械学習のテクニックを紹介していきます。

従来のアルゴリズムによる処理ロジックと比べると、ディープラーニング技術やニューラルネットワークを使用した人工知能は、はるかに抽象化された情報を扱うことができるという特徴があります。

しかし、ある程度、複雑な処理を行う人工知能を作成するためには、単純な学習ループを用いて教師データを学習させるだけでは不十分で、さまざまな目的に応じて適切なネットワークモデルと学習手法を使用する必要があります。

そこで本書では、コンテンツを生成する人工知能という切り口で、さまざまなニューラルネットワークを作成していきますが、その前に「そもそもニューラルネットワークとは何か？」という問に対する答えと、ニューラルネットワークの学習に関する基礎知識を紹介します。

◆これまでの人工知能ブーム

コンピューターを使用して人工知能を開発しようとする研究の歴史は長く、1956年に**ダートマス会議**という学会でその概念が定義されて以来、さまざまな研究が行われてきました。

●人工知能研究史概略

これまでの人工知能の歴史では、大まかにいって3つのブームが巻き起こっています。

1つ目は、1960年代に登場した**第一次人工知能ブーム**で、当時はコンピューターの登場と産業化そのものが画期的な出来事であり、判断を行う機械を用いてどのような処理が可能になるのか、さまざまな可能性が模索されていました。

次に、1980年代からは**第二次人工知能ブーム**が巻き起こり、このときにはエキスパートシステムなど、より現実的な人工知能が研究されました。

そして2010年代に入ると、クラウドコンピューティングやビッグデータなどさまざまなブレークスルーを背景に、人工知能開発のトレンドも**ディープラーニング技術**を使用したものへと大きく変化し、現在へと連なる**第三次人工知能ブーム**が巻き起こっています。

ニューラルネットワークとは

現在の人工知能ブームで主流となっている**ニューラルネットワーク**を使用した人工知能は、これまでの手法では扱うことができなかった抽象的なデータを扱ったり、コンテンツの自動生成などロジックとして実装することが難しい処理を実現できることが特徴です。では、ニューラルネットワークを使用した人工知能はどのように動作するのでしょうか?

ここではニューラルネットワークの動作原理について、順伝播型ニューラルネットワークと呼ばれる種類を例に挙げて、ごく簡単な解説をします。

◆ 人工ニューロンとは

意外かもしれませんが、第三次人工知能ブームで主に利用されているニューラルネットワークという人工知能は、人工知能研究史の中では最も歴史のある技術です。

実に1943年、神経生理学者のウォーレン・マカロックと数学者のウォルター・ピッツが共同で作成した脳細胞の動きについての数学的モデルが、ニューラルネットワークの基本単位となる**人工ニューロン**のベースとなりました。

●人工ニューロン

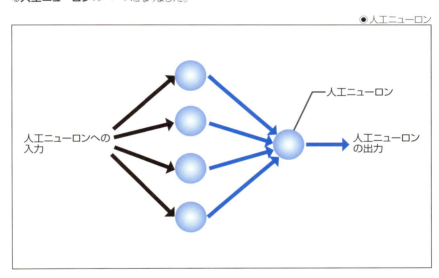

この人工ニューロンは単体では極めて単純な動作をするプログラムです。

人工ニューロンには複数の入力があります。そして人工ニューロンは、それらの入力から1つの出力を計算するロジックから成り立っています。人工ニューロンの出力を計算するロジックは極めて単純なもので、大抵の場合、それぞれの入力に対して重み付けを行い、加算とバイアスを加えているだけです。

しかし、この単純な人工ニューロンを多数、接続して巨大なネットワークを構築すれば、人間の脳と同じくさまざまな処理を行うことができるようになるだろう、というのがニューラルネットワークによる人工知能の基本的な発想です。

本書では特に断りなく「ニューロン」と呼んだ場合、それはプログラムで作成された人工ニューロンを指します。

■ SECTION-001 ■ ニューラルネットワークの基礎知識

◆ 順伝播型ニューラルネットワークとは

　前述のようにニューラルネットワークとは、プログラムとして作成されたニューロンを多数接続して作成されるのですが、その接続の形によっていくつかの種類に分けることができます。下図はその中でも、**順伝播型ニューラルネットワーク**と呼ばれる種類のニューラルネットワークを表しています。

●順伝播型ニューラルネットワーク

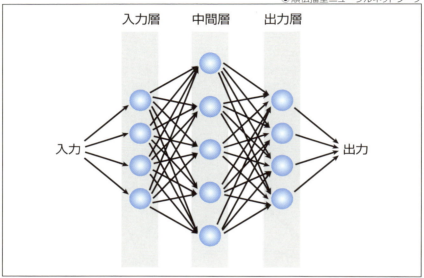

　順伝播型ニューラルネットワークでは、ネットワーク内に含まれるニューロンは層状の階層をなしており、入力されたデータは入力層から出力層に向かって順番に伝播していきます。

　このような形式のニューラルネットワークでは、ニューロン間の接続の形が変化することはなく、ニューロン間に伝わるデータに対して計算される重み付けの値のみが変化します（重みの値が0になれば接続がない状態と同じですが）。

　したがって、ニューラルネットワークの動作を作成するには、ニューロン間の接続の重み付けをどのように作成していくかが肝心になります。また、順伝播型ニューラルネットワークも、ネットワークの形によってさまざまな分類に分けることができるのですが、それらの種類については後述します。

SECTION-002
ニューラルネットワークの学習

ニューラルネットワークの学習について

ニューラルネットワークでは、ニューロン間の接続の重み付けの値を最適化することが、人工知能の動作を定義する重要な箇所ですが、ニューラルネットワークに含まれる多数のニューロンの、さらにそれぞれの相互接続となると、その数は膨大なものとなってしまいます。

そのため、それらの重みをすべて手動で設定することは現実的ではなく、通常は機械学習の手法を用いて計算で求めることになります。

◆ 機械学習とは

機械学習とは、プログラムに対してサンプルデータを適応させ、データ内に存在する相関関係やルールを扱うことができるようにそのプログラムを学習させることを指します。

機械学習は一般的な統計解析の手法をプログラム中に組み込むのとはことなり、専用のアルゴリズムを使用して、対象となるモデルを変化させていく点に特徴があります。

ここで、機械学習の手法で学習可能なモデルは、必ずしもニューラルネットワークだけではない点に注意してください。ニューラルネットワーク以外のモデルとしては、木構造やIF〜THENルーチンのルールなども機械学習で作成することができます。したがって、機械学習で作成する人工知能と限っても、ニューラルネットワーク以外のタイプが存在します。

◆ 損失関数とは

損失関数とは、ニューラルネットワークに対する機械学習で使用される関数で、現在のニューラルネットワーク出力に対する、正解データとの差を数値で返すものです。

ニューラルネットワークの出力は必ずしも単一の数値とはならず、一般的には多次元の配列データとなります。しかし、多次元の配列データをそのままニューラルネットワークの学習に使用することは難しいため、ニューラルネットワークの学習時にのみ損失関数を使用して、単純な数値で正解データとの差を表現します。

また、損失関数の返す値のことを、単に**損失**または**誤差**とも呼びます。

●損失関数

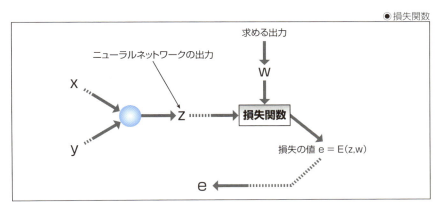

損失関数はニューラルネットワークの出力のさらに後に導入される関数です。そのため、損失関数は学習の際にのみ使用され、実際の実行時には使用されません。

◆ 誤差逆伝播法とは

ニューラルネットワークの学習を行う際には、損失関数が返す値をニューラルネットワーク内に向かって逆順に伝播していきます。

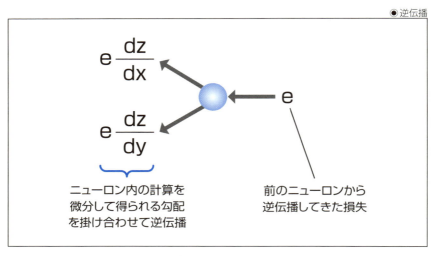

●逆伝播

このとき、損失の値に、ニューロン内の計算式の微分を掛け合わせた値を1つ前のニューロンへと伝播させることで、ニューラルネットワーク全体で、それぞれのニューロンの場所における「正解データの方向」を求めることができます。

このように、最終的なニューラルネットワークの出力から損失を求めて、それをすべてのニューロンへと伝播させる方法を**誤差逆伝播法**と呼びます。

◆ 誤差勾配とは

実際にはニューラルネットワークに学習させるデータは、単一の入力値ではないため、誤差逆伝播法によって求められる「正解データの方向」は、複雑な曲線を描くことになります。

その曲線を**誤差勾配**と呼びますが、ニューロン内の重みデータをその誤差勾配内の最適な位置へと更新していくことが、ニューラルネットワークに対する機械学習の中心的な作業となります。

■ SECTION-002 ■ ニューラルネットワークの学習

●誤差勾配

現在の重みデータの位置

？

どっちに進む？

？

局所最適解

計算グラフから
得られる勾配

最適解となる位置

　誤差勾配の中には、全体から見て最適な位置にある最適解と、部分的に見れば最適な位置にある局所最適解とが存在します。

　実際の機械学習では、その時点での誤差勾配しか把握できないため、適切なアルゴリズムを用いて学習を行わないと、学習結果が局所最適解にはまり込んでしまったり、なかなか最適解に収束しなくなってしまったりします。

　つまり、ニューラルネットワークの学習では、常に正しくデータを学習してくれるとは保証されず、正しい手法とネットワークモデルを用いないと、まったく想定しない出力結果がもたらされる場合もあるのです。

SECTION-003
ニューラルネットワークの実装

▶ Chainerによるニューラルネットワークの実装

前述のように、ニューラルネットワークに含まれるニューロンそれ自体は極めて単純な動作しかしないプログラムです。したがって、ニューラルネットワークを実装する際に問題となるのは、それらのニューロンをどのように接続するかという点になります。

本書では**Chainer**というフレームワークを使用したニューラルネットワークを作成するので、Chainerではどのようにニューラルネットワークを扱うのか、ソースコードの登場しない簡単な概念のみ、ここで説明します。

◆ 計算グラフ

計算グラフとは、1つひとつの演算をノードとし、複雑な計算式からなる計算を分解して有向グラフにしたものです。ニューラルネットワークに含まれる計算も、当然、計算グラフとして表現することができます。

●計算グラフ

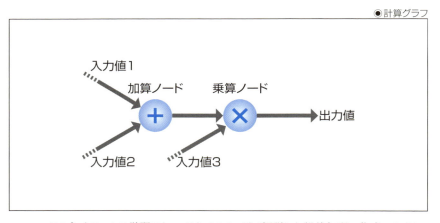

ニューラルネットワークの学習においては、14ページで解説した誤差勾配の作成のために、ニューラルネットワーク内に含まれる全演算を計算グラフにする必要があります。

つまり、計算グラフを作成することで、それぞれのノードを微分した勾配をどのようにニューラルネットワーク全体に伝播させればよいかがわかるようになるのです。

◆ 逆伝播

　Chainerの実装における最大の特徴は、この計算グラフの作成をChainerのフレームワークが自動的に行ってくれる点にあります。Chainerにおいては、入力データをもとに順番に演算を行う処理だけを記述すれば、その処理の流れを自動的に解析して、計算グラフが作成されます。

　また、計算グラフを元に誤差勾配を作成し、誤差を逆伝播させる処理も、Chainerのフレームワークが行ってくれます。

●Chainerによる学習

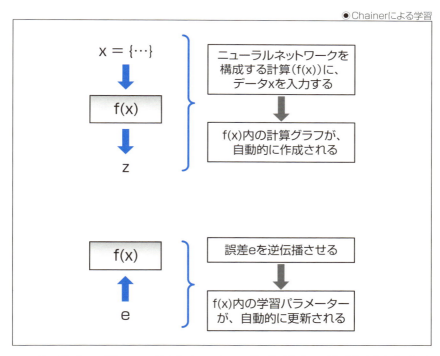

　つまり、Chainerでは、ニューラルネットワークのモデル作成においても、「入力されたデータをどのような流れで計算するか」というロジックを作成するだけで、機械学習が可能なネットワークモデルが作成されるのです。

　その代わりに、Chainerでは逆伝播を行うためには、まず何らかのデータを順伝播させる処理が必要になります。

　また、実際の処理はChainerによって隠蔽され、プログラム上からは計算グラフや誤差勾配のことはほぼ意識しなくて済むようになります。

■SECTION-003■ ニューラルネットワークの実装

▶本書で必要となる知識

その他、ニューラルネットワークの学習に関する詳しい内容を、網羅的に解説することは本書の範囲を超えてしまうので行いません。ここでは、本書の内容を理解するために必要となる知識について、いくつかのトピックスを取り上げて解説をします。

◆ 活性化関数とは

活性化関数とは、ニューロンのように複数の入力を取るのではなく、1つの入力値に対して1つの出力値を取る関数で、ニューラルネットワークのニューロン間を接続するときにその間に挟むようにして使用されます。

活性化関数の特徴は、単純な加算や乗算からなる関数ではなく、非線形の関数を用いるところにあります。これは、線形の関数のみを接続してニューラルネットワークを作成しても、層の深いニューラルネットワークは作成できない（層の浅いニューラルネットワークと等値の動作しかできない）という問題があるためで、活性化関数を利用することで、ニューラルネットワークの層が深くなればなるほど高度な処理を行うことができるようになるのです。

また、活性化関数には、ニューラルネットワークが使用するデータの値の範囲を決定するという役割もあります。

下記に、代表的な活性化関数と、その形を載せます。

●代表的な活性化関数

関数名	定義	グラフの形	出力値の範囲
ReLU	$\begin{cases} x & (x > 0) \\ 0 & (x \leqq 0) \end{cases}$		$0 \sim \infty$
Sigmoid	$\dfrac{1}{1 + \exp(x)}$		$0 \sim 1$
tanh	$\dfrac{\sinh(x)}{\cosh(x)}$		$-1 \sim 1$

その他の活性化関数については、本書の本文中で解説をします。

■ SECTION-003 ■ ニューラルネットワークの実装

◆Softmax関数とは

Softmax関数とは、クラス分類を行うニューラルネットワークの出力に使用する関数で、次の式で定義されます。

●Softmax関数

$$y_i = \frac{\exp(x_i)}{\sum_{i=0}^{n} \exp(x_i)}$$

Softmax関数は、n次元のベクトルを入力値に取り、同じくn次元のベクトルを返します。Softmax関数の返す値は、ベクトル内におけるその値の確率を表現するものとして使用されます。

つまり、Softmax関数は、各々の値が0から1の間にあり、かつ、すべての値を足し合わせると1になるような値からなるベクトルを返します。

また、Softmax Cross Entropyというのは、Softmax関数の結果と、ベクトル内の選択すべき値との差から、損失を求める損失関数です。

クラス分類を行うニューラルネットワークの場合、学習時にはSoftmax Cross Entropyを使って損失を計算し、実行時にはSoftmax関数を使って求める選択肢の確率を求めることになります。

本書で使用するそれ以外の損失関数については、その都度、本文中で説明します。

◆バッチ処理とは

実際の機械学習では多数の正解データをすべて一度に扱うわけではないので、誤差勾配全体がどのような形状をしているのかは、あらかじめ知ることができません。

そこで、多数の入力データの中からメモリに乗るサイズのデータをランダムに抽出し、そのデータに対しての学習を繰り返すことで、最終的に目的となる解を求める手法が採られます。その抽出されたデータを**ミニバッチ**と呼び、ミニバッチごとに処理を行う手法を**バッチ処理**と呼びます。

ニューラルネットワークの機械学習では、行列計算を多く行うのでGPUを使用した計算が多用されますが、そうするとミニバッチのサイズは、ニューラルネットワーク内のデータがGPUメモリに乗るサイズにする必要があります。

◆過学習とは

過学習とは、機械学習によってニューラルネットワークの動作が、教師データセットに対して適応しすぎてしまう現象のことを呼びます。過学習が発生するとニューラルネットワークは、教師データセットのみに対して正しく動作し、それ以外のデータに対しては正しく動作しないという動きをするようになります。

19

◆ 全結合層とは

　全結合層とは、順伝播型ニューラルネットワークにおいて、下図のようにすべての入力値と出力値をつなぐように作成された、ニューロンの階層のことです。

◉ 全結合層

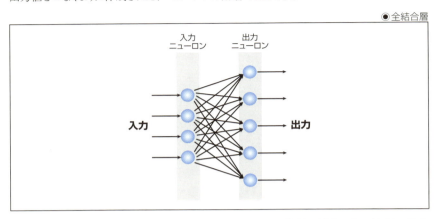

　全結合層では、入力されたデータと出力されたデータ間の接続に対する重み付けと、出力値に対するバイアス値が学習パラメーターとして存在します。

◆ 畳み込み層とは

　畳み込み層とは、主に画像を扱うためのニューラルネットワークで、下図のように入力値のX座標とY座標をもとに、特定の領域を次の階層のニューロンへと接続するように作成された階層のことです。また、畳み込み層を含むニューラルネットワークのことを、**畳み込みニューラルネットワーク**と呼びます。

◉ 畳み込み層

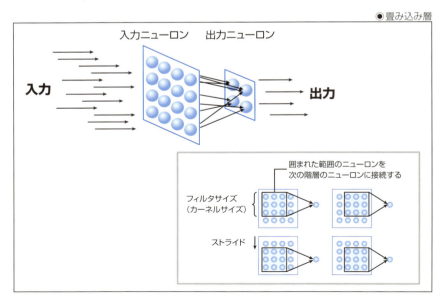

畳み込み層では、入力されたデータをカバーするように領域を移動させながら、その領域内のデータを次の階層のニューロンへと接続します。その際に設定する領域の大きさのことをフィルタサイズ（またはカーネルサイズ）、移動させる量のことをストライドと呼びます。

また、図に描かれた畳み込み層には、入力・出力共に1枚のデータしか存在していませんが、実際には入力と出力の両方とも、複数枚のデータから成り立っています。そのデータの枚数をチャンネル数と呼びます。

◆ プーリング層とは

プーリング層とは、畳み込みニューラルネットワークで利用されるニューロンの階層で、入力値の特定の領域から値を抽出して次の階層のニューロンへと接続する階層です。

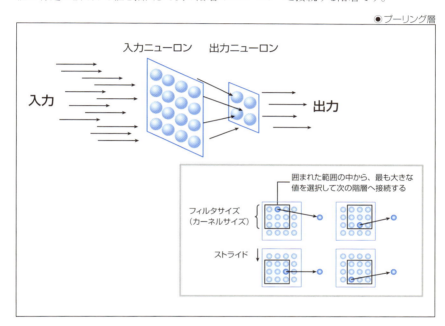

●プーリング層

プーリング層の動作は一見すると畳み込み層に似ていますが、畳み込み層とは異なり、学習パラメーターは存在していません。プーリング層には、領域内から最大の値を取り出すもの（**MaxPooling層**）や領域内の平均値を求めるもの（**AveragePooling層**）などが存在します。

◆ドロップアウトとは

ドロップアウトとは、ニューラルネットワークの学習に使用される手法の1つで、学習時にはニューラルネットワーク内のニューロンのいくつかをランダムに〝間引いて〟おき、それでも正しく動作するように学習させる手法のことです。

実際にはニューラルネットワーク内の接続を削除するのではなく、ランダムに選択したニューロンの値を0に書き替えることで、ニューラルネットワーク内の〝間引き〟を行います。

ドロップアウトは、ニューラルネットワークの学習に適度なノイズを載せることで、過学習の発生を防ぐために利用されます。

◆RNNとは

RNNとは、最初の入力から次の入力、その次の入力という風に、時系列的に入力されるデータに対して、連続的な出力を行うニューラルネットワークのことです。RNNで使用されるニューロンの階層は、内部にステータスを持っており、過去のデータをもとに更新された内容を保持することができます。

●RNN

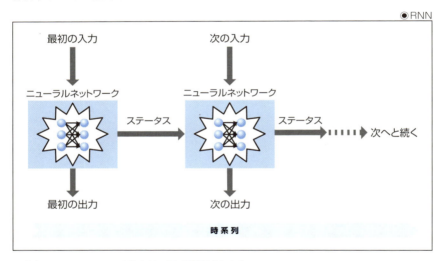

なお、RNNについては第6章で再び解説をします。

◆学習アルゴリズムとは

学習アルゴリズムとは、誤差勾配をもとにしてニューラルネットワークの重みデータを更新するアルゴリズムのことで、いくつかの種類が存在しています。

学術論文などでよく使われる**SGD**というアルゴリズムでは、誤差勾配における勾配の大きさのみを見て、重みデータの更新を行います。一方、SGDを改良して作成された**MomentumSGD**というアルゴリズムでは、勾配の大きさで重みデータを更新する速度を変更し、実際のデータはその速度を使用して更新します。

また、SGDやMomentumSGDでは、「どの程度の係数で重みデータを更新するか」や「どの程度の割合で速度を減衰させるか」などのパラメーターをあらかじめ指定します。

■SECTION-003■ ニューラルネットワークの実装

◉学習アルゴリズム

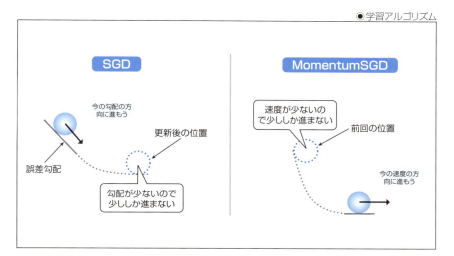

　ニューラルネットワークの学習には、その他にもさまざまな学習アルゴリズムが存在しており、中にはなかり高度なテクニックを駆使して、少ない学習回数で最適な更新を行えるように工夫しているものもあります。

　本書ではその中でも**Adam**というアルゴリズムを使用して学習を行います。Adamアルゴリズムに関する詳しい解説は本書の範囲を超えるので行いませんが、基本的には、前述のSGDとMomentumSGDの特徴を組み合わせたものとなります。

CHAPTER 02

Chainerの基礎

SECTION-004

Chainerのインストール

想定する実行環境

前章ではニューラルネットワークと誤差逆伝播法の原理について紹介しましたが、この章では実際にGPUを搭載したPC上にChainerをインストールし、簡単なニューラルネットワークを動作させてみます。

Chainerそのものは Python が動作する環境であれば動作可能ですが、ニューラルネットワークの学習を高速に行いたい場合、高性能なGPUを搭載したPCかGPUサーバー上で動作させることが望ましいです。

そこで本書では、Chainerを動作させる環境として、次の環境を想定します。

- CPU……Intel Xeon E5プロセッサ
- メモリ……16GB
- GPU……NVIDIA GRID K520
- GPUメモリ……4GB
- オペレーティングシステム……Ubuntu 16.04 LTS

動作環境は必ずしも上記のスペックと同等でなくとも構いませんが、本書で紹介するCUDAおよびcuDNNは、NVIDIA製のGPUを使用するドライバソフトウェアなので、GPUを使用するのであればNVIDIA製のもの（可能であれば最新のもの）が必要です。また、オペレーティングシステムにはUbuntuを使用しましたが、同じLinux系のOSであれば、本書の内容はほぼそのまま使用できるはずです。

なお、動作は遅くなりますが、GPUを使用せずにCPUのみを使用してニューラルネットワークを動作させることも可能で、その場合は開発環境のインストール手順のうち、「CUDAのインストール」と「cuDNNのインストール」の項目をスキップしてください。

開発環境のインストール

Chainerを動作させるPC用意したら、オペレーティングシステムとしてUbuntu 16.04 LTSをインストールします。オペレーティングシステムのインストール手順については省略しますので、Ubuntuのホームページなどから確認してください。

◆ linux-genericとbuild-essentialのインストール

Chainerを実行するPCまたはサーバーを用意し、Ubuntu 16.04 LTSをインストールしたら、次のコマンドを実行して一般的な開発環境である「linux-generic」と「build-essential」をインストールします。

```
$ sudo apt-get update
$ sudo apt-get install linux-generic build-essential
```

■ SECTION-004 ■ Chainerのインストール

本書ではPythonのバージョンとしてPython3を使用します。通常のオプションでUbuntu
16.04 LTSをインストールすると、Python3は標準でインストールされています。インストールされ
ているPythonのバージョンは、次のコマンドで確認することができます。

```
$ python3 --version
Python 3.5.2  ←バージョンが表示される
```

インストールされているPythonのバージョンが古い、またはPythonがインストールされていな
い場合は、次のコマンドを実行すれば、Python3をインストールすることができます。

```
$ sudo apt install python3  ←Python3をインストール
```

また、Pythonのパッケージを管理するツールであるpipもインストールする必要があります。
Chainerのインストールでは、バージョン9.0.1以上のpipが必要となるので、pipのバージョンを
最新のものにアップデートします。

```
$ sudo apt install python3-pip  ←pipをインストール
$ sudo pip3 install --upgrade pip  ←pipをアップデート
```

このままでもPython3を利用できますが、念のためPython3用の環境変数を設定するため
のpython-virtualenvをインストールし、「~/py3env」以下に設定ファイルを作成します。

```
$ sudo apt-get install python-virtualenv
$ virtualenv -p /usr/bin/python3 ~/py3env
```

ホームディレクトリ直下で上記のコマンドを実行すると、「~/py3env」というディレクトリが作
成されるので、ホームディレクトリ以下の「.bashrc」を編集して、次の行を追記します。

SOURCE CODE | 「.bashrc」のソース

```
source ~/py3env/bin/activate
```

最後に、次のコマンドを実行して「.bashrc」を読み込めば、Python3環境のセットアップ
が完了します。

```
source ~/.bashrc
```

◆ CUDAのインストール

CUDAとは、NVIDIAが提供している並列コンピューティング用のフレームワークです。
CUDAを使用すると、GPUを使用して学術計算を実行することができます。

CUDAをインストールするには、NVIDIAのホームページからCUDAのdebパッケージをダ
ウンロードし、インストールします。それには、まずNVIDIAのCUDA Toolkitのホームページ
（https://developer.nvidia.com/cuda-toolkit）を開き、「**Download Now**」ボタンをクリッ
クします。

■ SECTION-004 ■ Chainerのインストール

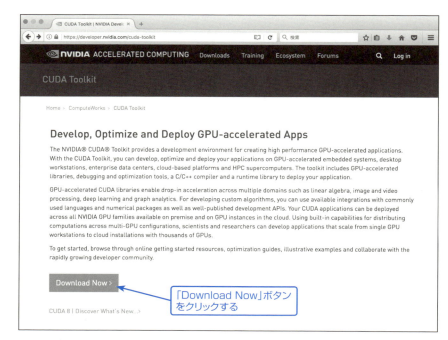

「Download Now」ボタンをクリックする

すると下図のページが表示されるので、使用するオペレーティングシステムに従ってボタンを選択していきます。

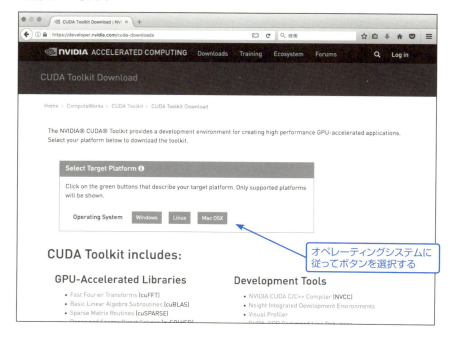

オペレーティングシステムに従ってボタンを選択する

ここでは、「Linux」「x86_64」「Ubuntu」「16.04」の順に選択しました。すると下図のようにダウンロードするファイルの種類が表示されるので、「deb (network)」をクリックします。

「deb (network)」を
クリックする

すると下図のように、「Download(2.8KB)」というボタンが表示されるので、クリックしてファイルをダウンロードします。

クリックしてファイル
をダウンロードする

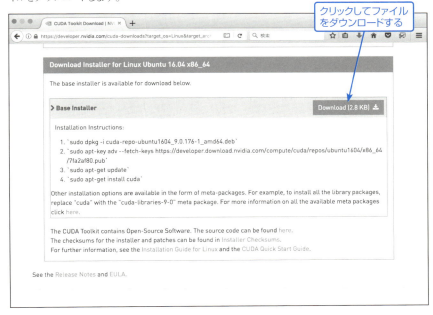

■ SECTION-004 ■ Chainerのインストール

その後、ダウンロードしたファイルをChainerをインストールするサーバーへと転送し、次のコマンドを実行します。コマンドのファイル名の内、バージョン番号の部分はダウンロードしたファイルに合わせて変更してください。

```
$ sudo dpkg -i cuda-repo-ubuntu1604_9.0.176-1_amd64.deb
$ sudo apt-key adv --fetch-keys \
"http://developer.download.nvidia.com/compute/cuda/repos/ubuntu1604/x86_64/7fa2af80.pub"
$ sudo apt update
$ sudo apt install cuda
```

しばらくして「done.」と表示され、エラーなく終了したら、CUDAのインストールは終了です。インストールが正常に終了すれば、次のように「/usr/local/cuda/」ディレクトリが作成されます。

```
$ ls -l /usr/local/cuda/
total 64
drwxr-xr-x  3 root root 4096 Nov  7 02:59 bin
drwxr-xr-x  5 root root 4096 Nov  7 02:59 doc
drwxr-xr-x  5 root root 4096 Nov  7 02:59 extras
lrwxrwxrwx  1 root root   28 Sep  2 10:40 include -> targets/x86_64-linux/include
lrwxrwxrwx  1 root root   24 Sep  2 10:40 lib64 -> targets/x86_64-linux/lib
drwxr-xr-x  8 root root 4096 Nov  7 02:59 libnsight
drwxr-xr-x  7 root root 4096 Nov  7 02:59 libnvvp
-rw-r--r--  1 root root  365 Sep  2 10:39 LICENSE
drwxr-xr-x  2 root root 4096 Nov  7 02:59 nsightee_plugins
drwxr-xr-x  3 root root 4096 Nov  7 02:59 nvml
drwxr-xr-x  7 root root 4096 Nov  7 02:58 nvvm
-rw-r--r--  1 root root  365 Sep  2 10:39 README
drwxr-xr-x 11 root root 4096 Nov  7 02:59 samples
drwxr-xr-x  3 root root 4096 Nov  7 02:58 share
drwxr-xr-x  2 root root 4096 Nov  7 02:58 src
drwxr-xr-x  3 root root 4096 Nov  7 02:58 targets
drwxr-xr-x  2 root root 4096 Nov  7 02:58 tools
-rw-r--r--  1 root root   21 Sep  2 10:39 version.txt
```

その後、ユーザーディレクトリの「.bashrc」に次の行を追加し、PCをリブートします。

```
export PATH="/usr/local/cuda/bin:$PATH"
export LD_LIBRARY_PATH="/usr/local/cuda/lib64:$LD_LIBRARY_PATH"
```

CUDAを使用してGPUを利用できるようになっていれば、次のように「nvidia-smi」コマンドでGPUの状態を取得することができます。

■ SECTION-004 ■ Chainerのインストール

```
$ nvidia-smi
Tue Nov  7 03:04:40 2017
+-----------------------------------------------------------------------------+
| NVIDIA-SMI 384.90                 Driver Version: 384.90                    |
|-------------------------------+----------------------+----------------------+
| GPU  Name        Persistence-M| Bus-Id        Disp.A | Volatile Uncorr. ECC |
| Fan  Temp  Perf  Pwr:Usage/Cap|         Memory-Usage | GPU-Util  Compute M. |
|===============================+======================+======================|
|   0  Tesla K80           Off  | 00000000:00:1E.0 Off |                    0 |
| N/A   35C    P0    75W / 149W |      0MiB / 11439MiB |     87%      Default |
+-------------------------------+----------------------+----------------------+

+-----------------------------------------------------------------------------+
| Processes:                                                       GPU Memory |
|  GPU       PID   Type   Process name                             Usage      |
|=============================================================================|
|  No running processes found                                                 |
+-----------------------------------------------------------------------------+
```

◆ cuDNNのインストール

　CUDAをインストールしたら、さらに**cuDNN**をインストールします。cuDNNはCUDAと同じくNVIDIAが提供しており、ディープラーニングに使用する特殊な行列計算に最適化して、GPUを使った計算を行ってくれるフレームワークです。

　まず、NVIDIAのcuDNNのホームページ（https://developer.nvidia.com/cudnn）を開き、「Download」ボタンをクリックします。

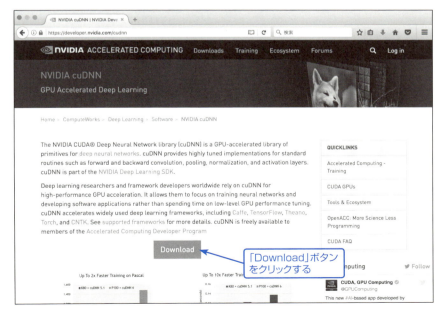

■ SECTION-004 ■ Chainerのインストール

　cuDNNのダウンロードには、NVIDIAのメンバーシップ登録が必要になるので、登録がまだの場合は、「Join now」ボタンから必要な情報を入力し、ユーザー登録します。

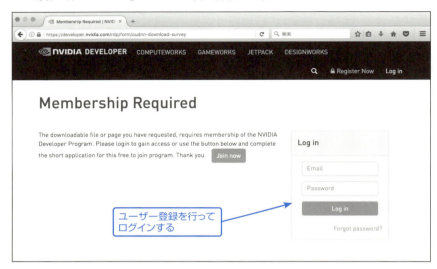

　ログインすると下図のページが表示され、cuDNNの利用目的に関するアンケート調査が提示されます。ここではcuDNNを利用する目的と、プラットフォームとなるソフトウェアをチェックします。その後、「Proceed To Downloads」ボタンをクリックします。

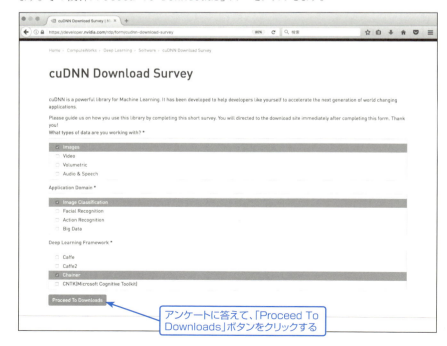

32

次に下図のページで、ソフトウェアライセンスに同意するチェックボックスをONにすれば、cuDNNがダウンロードできるようになります。

ダウンロードできるcuDNNのバージョンは利用する利用するCUDAのバージョンに応じますが、数値計算ライブラリのcupyが対応している最新のバージョンを利用します。執筆時点で最新のcuDNNのバージョンは「v7.0.3」ですので、「cuDNN v7.0.3, for CUDA 9.0」を利用しました。

cupyが対応しているcuDNNのバージョンは、次のURLから参照できるので、対応する最新のバージョンを利用するようにしてください。

URL https://docs-cupy.chainer.org/en/stable/install.html

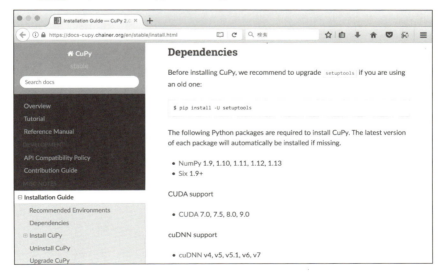

■ SECTION-004 ■ Chainerのインストール

　cuDNNのダウンロードページからダウンロードしたいバージョンをクリックすると、下図のようにファイルの一覧が表示されます。ここでは「cuDNN v7.0 Runtime Library for Ubuntu16.04 (Deb)」と「cuDNN v7.0 Developer Library for Ubuntu16.04 (Deb)」の2つのファイルをダウンロードします。

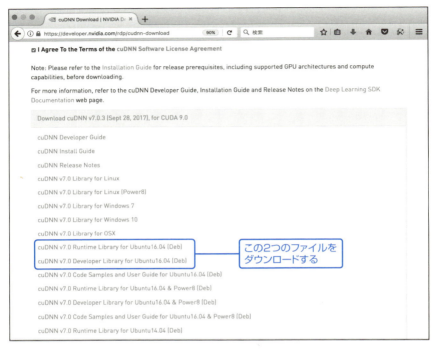

　その後、ダウンロードしたファイルをChainerをインストールするサーバーへと転送します。
　後は、次のコマンドを実行してcuDNNをインストールします。コマンドのファイル名の内、バージョンの部分はダウンロードしたファイルに合わせて変更してください。

```
$ sudo dpkg -i libcudnn7_7.0.3.11-1+cuda9.0_amd64.deb
$ sudo dpkg -i libcudnn7-dev_7.0.3.11-1+cuda9.0_amd64.deb
$ sudo apt-get update
$ sudo apt-get install libcudnn7 libcudnn7-dev
```

　しばらくして「done.」と表示され、エラーなく終了したら、cuDNNのインストールは終了です。インストールが正常に終了すれば、次のように「/usr/include/」以下に「cudnn.h」が作成されます。

```
$ ls -l /usr/include/cudnn.h
lrwxrwxrwx 1 root root 26 Nov  7 03:20 /usr/include/cudnn.h -> /etc/alternatives/libcudnn
```

■ SECTION-004 ■ Chainerのインストール

●Chainerのインストール

以上の手順でCUDAおよびcuDNNがインストールされました。次の手順としてPython上にChainerをインストールしますが、先ほどインストールしたCUDAおよびcuDNNを使用できるようにするには、Chainerに対してライブラリのパスを設定する必要があります。

◆ ライブラリパスのチェック

標準では、CUDAのインストールディレクトリは「**/usr/local/cuda/**」となる一方、cuDNNのライブラリは「**/usr/lib/x86_64-linux-gnu/**」以下に作成されます。

まずはCUDAおよびcuDNNのライブラリが、共有ライブラリのキャッシュリストに含まれているかどうかをチェックします。

```
$ sudo ldconfig -p|grep libcuda   ←CUDAのライブラリをチェック
    libcudart.so.9.0 (libc6,x86-64) => /usr/local/cuda-9.0/targets/x86_64-linux/lib/
libcudart.so.9.0
    libcudart.so (libc6,x86-64) => /usr/local/cuda-9.0/targets/x86_64-linux/lib/
libcudart.so
    libcuda.so.1 (libc6,x86-64) => /usr/lib/x86_64-linux-gnu/libcuda.so.1
    libcuda.so (libc6,x86-64) => /usr/lib/x86_64-linux-gnu/libcuda.so
$ sudo ldconfig -p|grep libcudnn   ←cuDNNのライブラリをチェック
    libcudnn.so.7 (libc6,x86-64) => /usr/lib/x86_64-linux-gnu/libcudnn.so.7
```

共有ライブラリのキャッシュリストにライブラリが含まれていない場合は、次のようにLD_LIBRARY_PATHおよびLDFLAGS環境変数を設定します。

```
$ export LDFLAGS=-L/usr/lib/x86_64-linux-gnu/
$ export LD_LIBRARY_PATH=/usr/lib/x86_64-linux-gnu/:$LD_LIBRARY_PATH
```

◆ Chainerのインストール

ライブラリパスのチェックが正常であれば、いよいよChainerをインストールします。

CUDAおよびcuDNNを使用して計算を行うようにChainerをインストールするには、次のようにCUDAのパスを指定して、「**pip**」コマンドを実行します。ここでは画像処理ライブラリのpillowと、HDF5フォーマットのファイルを扱うためのh5pyも同時にインストールします。また、GPUを使用する場合はChainerの他にGPUを使用する数値計算ライブラリであるcupyもインストールします。

```
$ pip3 install pillow
$ pip3 install h5py
$ CUDA_PATH=/usr/local/cuda pip3 install chainer cupy --no-cache-dir
```

GPUによる計算を使用せずに、CPUのみでChainerを実行する場合、パスの指定は不要で、次のように「**pip**」コマンドを実行します。

```
$ pip3 install pillow
$ pip3 install h5py
$ pip3 install chainer
```

35

■ SECTION-004 ■ Chainerのインストール

以上でChainerのインストールは完了しました。

次のようにPythonを起動し、「import chainer」と入力してエラーが出なければ、Chainer
は正常にインストールされています。また、「chainer.cuda.cupy.cuda.device.get_
device_id()」と入力してエラーが出なければ、GPUモードでChainerを使用することができる
ようになっています。

```
$ python3   ←pythonを起動
>>> import chainer   ←Chainerをチェック
>>> chainer.cuda.cupy.cuda.device.get_device_id()   ←GPUをチェック
0   ←利用できるGPUの番号が表示される
```

COLUMN
ディープラーニングでGPUを使用する理由

ディープラーニングによる機械学習といえば、GPUを使用して長時間の計算を行うと
いう印象があるかと思います。

本書でも、cupyライブラリの機能を利用してGPUを利用しますが、ディープラーニング
においてはGPUさえ優秀であればよいというわけではありません。

なぜなら、本書のコードにも見られるように、ニューラルネットワークの計算にはGPUを
使用して行う部分以外にもさまざまな処理が含まれているためです。

確かにニューラルネットワークの計算には、大きな配列で表されるベクトル演算が多数
含まれており、その部分をGPUに担当させればかなりの速度アップが見込まれるのです
が、実際にはGPUメモリのサイズ制限や、CPU側からGPU側へのデータの変換などが
オーバーヘッドになり、GPUのパワーを100%は使用できない場合がほとんどです。

複雑なニューラルネットワークにおいてはその傾向が特に顕著になるので、学習用マ
シンを用意する際には、GPU以外の性能にも気をつかうようにしてください。

SECTION-005

機械学習を行う

⊙ ニューラルネットワークの作成方法

Chainerのインストールが完了したら、ディープラーニングを行うプログラムを作成していきます。ディープラーニングを行うためには、ニューラルネットワークのモデルを作成し、教師データを学習させることになりますが、ChainerではPythonを使ってニューラルネットワークのモデルを定義することが特徴です。

ここでは、Chainerを使ってディープラーニングを行う方法について解説をします。

◆ ライブラリのインポート

それでは実際に、Python上でニューラルネットワークを扱うためのプログラムコードを作成します。

はじめに、Pythonのプログラムに対して、Chainerのライブラリをインポートする必要があります。Pythonでは、インポートしたライブラリには「as」キーワードで名前を付けることができるのですが、ここでは利用しやすいように、「chainer.functions」を「F」として、「chainer.links」を「L」としてインポートしました。

その他、必要となるライブラリをインポートするコードは、次のようになります。

```
import chainer
import chainer.functions as F
import chainer.links as L
from chainer import training, datasets, iterators, optimizers
from chainer.training import extensions
import numpy as np
```

今後、インポートについては特に説明することなくChainerを使用していきますが、これ以降のソースコードでインポートするライブラリが明記されていない場合は、常に上のコードでライブラリのインポートしているものとします。

◆ 学習条件の設定

バッチサイズとは、一度の学習で何個のデータを同時に読み込ませるかを表す数のことです。ここではプログラムコードの最初に、次のような変数を定義することでバッチサイズをコード中のどこからでも参照できるように定義しました。

```
batch_size = 10      # バッチサイズ10
```

また、学習に使用するデバイスも、同じように変数として設定します。ここでは、GPUを使用する場合は使用するGPUの番号を、CPUを使用する場合は「-1」を設定します。

```
uses_device = 0      # GPU#0を使用
```

CHAPTER 02 Chainerの基礎

37

■ SECTION-005 ■ 機械学習を行う

▶実際にニューラルネットワークを作成する

次に、Chainerのニューラルネットワークを定義するクラスを作成します。この章では、簡単な画像認識AIを作成するために、畳み込みニューラルネットワークという種類のニューラルネットワークを作成します。

◆ニューラルネットワークの定義

Chainerの様式では、ニューラルネットワークを扱うためのコードは、クラスとして作成します。まずは、次のように「chainer.Chain」クラスの子クラスとして、「NMIST_Conv_NN」というクラスを作成します。

```
class NMIST_Conv_NN(chainer.Chain):

    def __init__(self):
        super(NMIST_Conv_NN, self).__init__()

    def __call__(self, x):
```

上記のクラス内には「__init__」と「__call__」という関数が定義されていますが、これはPythonが定義している特殊メソッドです。「__init__」はクラス作成時のコンストラクタとして、クラスを初期化する際に呼び出されます。また、「__call__」は、クラスのインスタンスを直接、関数として実行した際に呼び出される関数で、ここではChainerのフレームワークから利用できるように定義します。

◆畳み込みニューラルネットワークを定義する

通常、画像認識系のニューラルネットワークでは、畳み込みニューラルネットワークが利用されます。畳み込みニューラルネットワークの畳み込み層については第1章で解説しましたが、ここではフィルタサイズ3ピクセルの畳み込み層とプーリング層、全結合層1層からなる畳み込みニューラルネットワークを作成します。

Chainerではニューラルネットワークを構成するニューロンは「chainer.links」内で定義されています。このパッケージは、先ほどパッケージをインポートする際に「L」の名前でアクセスできるようにしていました。

Chainerでは畳み込み層となるニューラルネットワークの層は「L.Convolution2D」クラスで、全結合層となるニューラルネットワークの層は「L.Linear」クラスで定義されるので、それらのクラスのインスタンスを作成することで、ニューラルネットワークの要素を作成できます。

そして、それらのインスタンスは「with self.init_scope():」以下のブロック内で作成することで、Chainerが機械学習のための計算グラフを作成できるようになります。

ここでは、次のように、「NMIST_Conv_NN」クラスの「__init__」関数内で親クラスの「with self.init_scope():」ブロックを作成し、その中でニューラルネットワークの層を作成します。

■ SECTION-005 ■ 機械学習を行う

```python
class NMIST_Conv_NN(chainer.Chain):

    def __init__(self):
        super(NMIST_Conv_NN, self).__init__()
        with self.init_scope():
            self.conv1 = L.Convolution2D(1, 8, ksize=3)   # フィルタサイズ＝3で出力数8
            self.linear1 = L.Linear(1352, 10)       # 出力数10
```

　ニューラルネットワークの層を作成する際の引数は、入力と出力のチャンネル数です。ここで学習させるMNISTデータセットは白黒画像なので、最初の畳み込み層の入力チャンネルは1チャンネルとなります。ここで設定しているチャンネル数の意味については、後で詳しく解説します。

　ちなみに入力と出力のチャンネル数は、どちらか一方を「None」とすることができ、その場合は実行時に入力されたデータからチャンネル数が計算されます。

```python
    def __call__(self, x, t=None, train=True):
        # 畳み込みニューラルネットワークによる画像認識
        h1 = self.conv1(x)          # 畳み込み層
        h2 = F.relu(h1)             # 活性化関数
        h3 = F.max_pooling_2d(h2, 2)  # プーリング層
        h4 = self.linear1(h3)       # 全結合層
        # 損失か結果を返す
        return F.softmax_cross_entropy(h4, t) if train else F.softmax(h4)
```

　さらに、作成したニューラルネットワークの層を「__call__」関数内で活性化関数を使って結合すれば、ニューラルネットワークのモデルが完成します。ここでは活性化関数としてreluを使用し、さらに畳み込み層にはフィルタサイズ2のプーリング層も追加しました。

　「__call__」関数の引数には、入力データである「x」と、入力データに対する正解となる「t」がありますが、これらはバッチサイズ分の配列となります。

　また、引数の「train」が「True」のときは、損失関数である「F.softmax_cross_entropy」関数を使い、ニューラルネットワークの出力と正解データとの誤差を返しますが、「False」のときは「F.softmax」関数でニューラルネットワークの出力を正規化したデータを返すようにします。

■ SECTION-005 ■ 機械学習を行う

●ニューラルネットワークの解説

機械学習に入る前に、作成したニューラルネットワークについて解説します。

前述したとおり、このニューラルネットワークは、畳み込み層1層と全結合層1層を含む順伝播型の畳み込みニューラルネットワークで、各階層は、次のようになっています。

●作成したニューラルネットワークの各階層

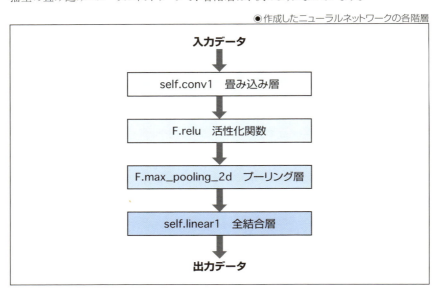

MNISTデータセットを学習させる場合、入力されるデータは28×28ピクセルのモノクロ画像なので、入力値となるデータはちょうど28×28×1の大きさとなります。また、出力結果は0から9までのいずれかですので、出力されるデータは10個となります。

この時点で、入力データは3次元のデータであり、出力データは1次元のデータとなっていることに注目してください。

◆ 畳み込み層

MNISTのデータは、28×28=784個の要素からなる画像データで、色数とバッチ処理用の配列も合わせて、合計4次元の配列が渡されます。そして、最初の畳み込み層(`self.conv1`)では、入力された28×28ピクセルの画像に対して、3ピクセルごとに畳み込み演算を行うため、出力されるデータは26×26ピクセルとなります。

■SECTION-005■ 機械学習を行う

●畳み込み層の様子

28個

26個

28個

3×3のエリアを
1つずつずらし
ながら、出力に
接続する

出力データ
1つあたり
26×26の出力

出力1つあたりの
重みデータ=
3×3のデータが
26×26個=
6084個の数値

26個

28個

28個

同じように
出力データの個数だけ
接続が作成される

28個

26個

この畳み込み層
全体に存在する
重みデータ=
6084×8=
48672個の数値

26×26の出力が、
出力データの個数
(8個)分存在する

28個

28個

26個

　出力されるデータの個数はニューラルネットワークの定義の際に8個としているので、次の式の実行結果はバッチサイズ×26×26×8個のデータになります。

```
h1 = self.conv1(x)      # 畳み込み層
```

◆ 活性化関数

　次に、F.reluで活性化関数を呼び出しますが、CHAPTER 01で解説したように活性化関数はデータの値を変化させるだけなので、データの個数は変わりません。

```
h2 = F.relu(h1)      # 活性化関数
```

　つまり、上記の式が実行された際、変数の「h2」には、バッチサイズ×26×26×8個のデータが入っていることになります。

◆ プーリング層

　次に、次の式でプーリング層の演算を行います。

```
h3 = F.average_pooling_2d(h2, 2)   # プーリング層
```

　ここでは2×2ピクセルごとに最大値を抽出する演算を行っているので、26×26ピクセルのデータから出力されるデータは13×13ピクセルとなります。

■ SECTION-005 ■ 機械学習を行う

●プーリング層の様子

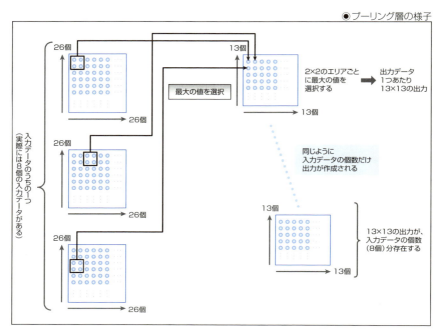

　つまり、上記の式が実行された際、変数の「h3」には、バッチサイズ×13×13×8個のデータが入っていることになります。

◆ 全結合層
　次に、次の式で全結合層の演算を行います。

```
h4 = self.linear1(h3)      # 全結合層
```

　全結合層では1次元のデータのみを扱うので、入力チャンネル数と出力チャンネル数は、そのまま入力のデータ数となります。全結合層に畳み込み層からのデータを入力した場合、自動的にデータの次元数を成形してくれます。つまり上記の全結合層の入力データ数は13×13ピクセル×8枚=1352となり、この入力数は全結合層を定義した際に引数に設定した値となります。
　また、全結合層を定義した際の引数は、出力チャンネル数を10としていました。つまり、上記の式が実行された際、変数の「h4」には、バッチサイズ×10個のデータが入っていることになります。

■ SECTION-005 ■ 機械学習を行う

◉全結合層の様子

最後の次の式は三項演算子で、ニューラルネットワークの実行が学習時であれば「F.soft max_cross_entropy」関数で計算した損失を、そうでなければ「F.softmax」で正規化したデータを返します。

```
# 損失か結果を返す
return F.softmax_cross_entropy(h4, t) if train else F.softmax(h4)
```

以上でニューラルネットワークの順伝播が完了します。

▶ ニューラルネットワークの学習を行う

ニューラルネットワークのモデルが完成したら、実際に教師データを読み込んで、ニューラルネットワークを学習させていきます。

◆ 損失関数

ここでは、手書き文字の画像データを、10個の数字の識別するようにニューラルネットワークを学習させます。

Chainerでクラス分類を行う際には、「L.Classifier」という便利なクラスもあるのですが、本書ではこの後、より複雑なニューラルネットワークを作成するので、基礎の使い方を学ぶためにも、便利なクラスは使用せずに自分で定義した損失関数を使用するようにしました。

まずは次のようにニューラルネットワークを作成します。

```
model = NMIST_Conv_NN()
```

作成したモデルは、CPUが扱う形式のデータで変数を取り扱うようになっているので、もしGPUによる計算を利用するのであれば、次のようにモデルの使用する変数を、GPUが利用する形式のものへと変換します。

■ SECTION-005 ■ 機械学習を行う

```
if uses_device >= 0:
    # GPUを使う
    chainer.cuda.get_device_from_id(0).use()
    chainer.cuda.check_cuda_available()
    # GPU用データ形式に変換
    model.to_gpu()
```

◆MNISTデータセットを用意する

　MNISTデータセットは0から9までの数字の手書き画像データで、機械学習による画像認識プログラムにおいて、ベンチマークとしてしばしば使用されます。MNISTには、28×28ピクセルの画像が、70000サンプルほど存在していますが、ここではこのMNISTデータセットを利用して、ニューラルネットワークの機械学習を行うことにします。

　幸いなことに、Chainerでは、MNISTデータセットが標準でパッケージ内に組み込まれているので、改めてMNISTのデータをダウンロードせずとも、次のように直接、データセットを扱うことができます。

```
train, test = chainer.datasets.get_mnist(ndim=3)
```

　上記のコードでは、「**train**」と「**test**」という変数に、MNISTデータセットのデータを代入しています。引数として与えている「**ndim=3**」は、データの次元数で、ここでは畳み込みニューラルネットワークを利用するために縦×横×色の三次元データとしてMNISTデータセットを取得します。引数の指定がなければ、一次元配列としてデータが取得されることになります。

　教師データとテスト用のデータセットを用意したら、次は学習の繰り返し条件を設定します。Chainerでは、「**iterators.SerialIterator**」関数を使用してイテレータを作成することで、学習をどのように繰り返すかを設定できます。

　ここでは次のように、教師データ用とテストデータ用それぞれに対してイテレーターを作成しました。

```
# 繰り返し条件を作成する
train_iter = iterators.SerialIterator(train, batch_size, shuffle=True)
test_iter = iterators.SerialIterator(test, 1, repeat=False, shuffle=False)
```

　「**iterators.SerialIterator**」関数の引数には、データセットとバッチサイズを指定し、オプションとしてデータセットを繰り返し利用するかどうか、データセットの並び順をシャッフルするかどうかを指定します。

◆トレーナーを作成する

　イテレーターを作成したら、その繰り返し条件で実際に機械学習を行うトレーナーを作成します。

　まずは、「**optimizers**」パッケージ内から、誤差逆伝播法で使用するアルゴリズムを選択します。ここでは、Adamアルゴリズムを使用しました。そして誤差逆伝播法アルゴリズムを選択したら、「**setup**」関数で、先ほど作成したニューラルネットワークのモデルを指定します。

44

■ SECTION-005 ■ 機械学習を行う

```
# 誤差逆伝播法アルゴリズムを選択する
optimizer = optimizers.Adam()
optimizer.setup(model)
```

次に、機械学習を行うためのトレーナーを作成します。

まずはニューラルネットワークのパラメータを更新するためのupdaterを作成します。これに
は先ほど作成したイテレーターと、誤差逆伝播法アルゴリズム、使用するGPUデバイスの番
号を指定して、「training.StandardUpdater」クラスを作成します。

また、機械学習について、エポックという単位で学習とテストを繰り返しますが、そのエポック
を合計、何回繰り返すのかも設定します。ここではエポック数として「5」を指定しました。

その後、トレーナーとして「training.Trainer」クラスを作成した後、トレーナーにテスト
用のイテレーターや、学習の進展を表示する機能などの拡張機能を設定していきます。

```
# デバイスを選択してTrainerを作成する
updater = training.StandardUpdater(train_iter, optimizer, device=uses_device)
trainer = training.Trainer(updater, (5, 'epoch'), out="result")
# テストをTrainerに設定する
trainer.extend(extensions.Evaluator(test_iter, model, device=uses_device))
# 学習の進展を表示するようにする
trainer.extend(extensions.ProgressBar())
# 教師データとテスト用データの正解率を表示する
trainer.extend(extensions.PrintReport( ['main/accuracy', 'validation/main/accuracy']))
```

Chainerの機械学習では、機械学習を行うトレーナーに対して、「extend」からさまざまな
拡張を行うことができます。

上記の例の他に一例としては、機械学習のスナップショットを保存したり、学習の進展に従っ
てパラメータの値を変更させたりすることができます。詳しくはChainerのリファレンス・マニュ
アル（http://chainer.a-zumi.net/reference/extensions.html）を参照してください。

◆ 実際に機械学習を実行する

最後に、機械学習をスタートさせるためのコードを作成します。それには作成したトレーナーの
「run」関数を呼び出します。また、学習が終了したら、学習後のモデルデータを「chapt02.
hdf5」の名前で保存します。それには「chainer.serializers.save_hdf5」関数を使用
します。

```
# 機械学習を実行する
trainer.run()
```

```
# 学習結果を保存する
chainer.serializers.save_hdf5( 'chapt02.hdf5', model )
```

以上をすべてまとめると、機械学習を行うプログラムは、次のようになります。

■ SECTION-005 ■ 機械学習を行う

SOURCE CODE | chapt02-1.pyのコード

```python
import chainer
import chainer.functions as F
import chainer.links as L
from chainer import training, datasets, iterators, optimizers
from chainer.training import extensions
import numpy as np

batch_size = 10      # バッチサイズ10
uses_device = 0      # GPU#0を使用

class NMIST_Conv_NN(chainer.Chain):

  def __init__(self):
    super(NMIST_Conv_NN, self).__init__()
    with self.init_scope():
      self.conv1 = L.Convolution2D(1, 8, ksize=3)  # フィルタサイズ＝3で出力数8
      self.linear1 = L.Linear(1352, 10)       # 出力数10

  def __call__(self, x, t=None, train=True):
    # 畳み込みニューラルネットワークによる画像認識
    h1 = self.conv1(x)        # 畳み込み層
    h2 = F.relu(h1)         # 活性化関数
    h3 = F.max_pooling_2d(h2, 2)  # プーリング層
    h4 = self.linear1(h3)      # 全結合層
    # 損失か結果を返す
    return F.softmax_cross_entropy(h4, t) if train else F.softmax(h4)

# ニューラルネットワークを作成
model = NMIST_Conv_NN()

if uses_device >= 0:
  # GPUを使う
  chainer.cuda.get_device_from_id(0).use()
  chainer.cuda.check_cuda_available()
  # GPU用データ形式に変換
  model.to_gpu()

# MNISTデータセットを用意する
train, test = chainer.datasets.get_mnist(ndim=3)

# 繰り返し条件を作成する
train_iter = iterators.SerialIterator(train, batch_size, shuffle=True)
test_iter = iterators.SerialIterator(test, batch_size, repeat=False, shuffle=False)

# 誤差逆伝播法アルゴリズムを選択する
optimizer = optimizers.Adam()
```

46

■ SECTION-005 ■ 機械学習を行う

```
optimizer.setup(model)

# デバイスを選択してTrainerを作成する
updater = training.StandardUpdater(train_iter, optimizer, device=uses_device)
trainer = training.Trainer(updater, (5, 'epoch'), out="result")
# テストをTrainerに設定する
trainer.extend(extensions.Evaluator(test_iter, model, device=uses_device))
# 学習の進展を表示するようにする
trainer.extend(extensions.ProgressBar())

# 機械学習を実行する
trainer.run()

# 学習結果を保存する
chainer.serializers.save_hdf5( 'chapt02.hdf5', model )
```

後は、ChainerをインストールしたPC上で、次のコマンドを実行します。

```
$ python3 chapt02-1.py
```

すると次のように表示されます。表示されている「**Downloading～**」の部分は、MNIST
データセットをダウンロードする際のログです。ダウンロードしたデータはキャッシュされるので、
初回実行時のみ実行され、2回目以降はログも表示されなくなります。

その後に表示される学習の進展率は、時間が経つに従って変化していき、Chainerによる
ニューラルネットワークの学習が進んでいることが確認できます。

```
Downloading from http://yann.lecun.com/exdb/mnist/train-images-idx3-ubyte.gz...
Downloading from http://yann.lecun.com/exdb/mnist/train-labels-idx1-ubyte.gz...
Downloading from http://yann.lecun.com/exdb/mnist/t10k-images-idx3-ubyte.gz...
Downloading from http://yann.lecun.com/exdb/mnist/t10k-labels-idx1-ubyte.gz...
     total [#######################.........................] 51.67%
this epoch [############################...................] 58.33%
     15500 iter, 2 epoch / 5 epochs
     212.61 iters/sec. Estimated time to finish: 0:01:08.199536.
```

なお、Chainerに限らずこのような機械学習においては、ニューラルネットワークの初期値の
設定やデータセットの並び順をシャッフルする順序などで、乱数が使用されます。そのため、
同じプログラムを複数回、実行しても、その結果が厳密に同一になることはありません。

もちろん学習が進展していくという結果は同じなのですが、書籍の紙面に載っている数値
と、現実に実行してみた結果とは、誤差の範囲で多少、異なることがあります。

47

SECTION-006

学習したニューラルネットワークを使う

● 画像認識を行う

　機械学習によってニューラルネットワークを作成したら、実際にそのニューラルネットワークを使用して画像認識を行うプログラムを作成します。

　学習時には使用しませんでしたが、ここでは画像データの操作に**numpy**または**cupy**を使います。numpyはCPUを使用する場合に使用する数値計算のライブラリで、次のようにインポートしました。

```
import numpy as np
```

　cupyは、GPUを使って計算を行う際に使う数値計算のライブラリで、含まれている関数などはnumpyとほぼ同等です。しかし、メモリ上に配置するデータ形式が異なるので、numpyのデータとcupyのデータとは同時には使用できません。

　そのため、次のように、GPU使用時とCPU使用時で使用するライブラリを分けて、常に「**cp**」という名前でnumpyまたはcupyの数値計算が利用できるようにします。

```
uses_device = 0      # GPU#0を使用

# GPU使用時とCPU使用時でデータ形式が変わる
if uses_device >= 0:
    import cupy as cp
else:
    cp = np
```

◆ 保存したモデルデータを読み込む

　まずは、先ほどのプログラムで保存した、ニューラルネットワークのモデルデータを読み込みます。それには、まず先ほどのプログラムと同じようにモデルとなるクラスを作成し、「**chainer.serializers.load_hdf5**」関数を使います。モデルとなるクラスを作成する部分のコードは、先ほどのプログラムと同じなのでここでは割愛します。

```
# 学習結果を読み込む
chainer.serializers.load_hdf5( 'chapt02.hdf5', model )
```

◆ 画像を読み込んで成形する

　次に、画像データをニューラルネットワークに入力しますが、入力する画像データは先ほどとは異なり、ファイルに保存されている画像を読み込んで使用することにします。

　Pythonでは、**PIL**というライブラリを使用して画像の読み込みと編集ができるので、まずはPILライブラリから**Imageモジュール**をインポートします。

```
from PIL import Image
```

画像ファイルを読み込むには、次のように「Image.open」関数を呼び出します。ここでは「test/mnist-0.png」から0が書かれているデータを読み込みました。テスト用の画像としては、次のものが、「http://www.c-r.com/book/detail/1182」からダウンロードできる本書のソースコードデータの中に含まれています。

●mnist-0.png〜mnist-9.png

また、読み込んだ画像に対して「convert」関数を呼び出して、モノクロ画像へとデータを変換します。

```
# 画像を読み込む
image = Image.open('test/mnist-0.png').convert('L')
```

次に、読み込んだ画像のデータを、ニューラルネットワークが扱う形式に合わせて数値の配列に変換します。先ほど作成した畳み込みニューラルネットワークでは、バッチサイズ×色×縦×横の4次元データを入力値として取ります。

まずは、「np.asarray」を使用して画像データを数値の配列にし、「astype」関数で数値を浮動小数点に型変換します。その後、「reshape」関数で配列のサイズを変更し、バッチサイズ=1、色=1、縦×横=28×28のサイズの配列を作成します。最後に、作成した配列のデータを、0から1までの範囲になるよう、255で割ります。

これらの演算はすべてnumpyライブラリの機能として含まれているので、次のような簡単なコードで実行することができます。

```
# ニューラルネットワークの入力に合わせて成形する
pixels = cp.asarray(image).astype(cp.float32).reshape(1,1,28,28)
pixels = pixels / 255
```

◆ 画像認識を行う

ニューラルネットワークに入力するデータが用意できたら、先ほど読み込んだモデルから、引数に「train=False」を指定してニューラルネットワークを実行します。

```
# ニューラルネットワークを実行する
result = model(pixels, train=False)
```

最後に、取得したデータを表示するコードを作成します。

この章で作成したニューラルネットワークでは、出力値として10の値を返すようになっています。したがって、ニューラルネットワークの結果として返されるデータは、バッチサイズ×10個の二次元配列となります。

実行時はバッチサイズは1なので、結果となるデータの最初の配列に、画像認識の結果が入ることになります。

■ SECTION-006 ■ 学習したニューラルネットワークを使う

```
# 実行結果を表示する
for i in range(len(result.data[0])):
  print( str(i) + '\t' + str(result.data[0][i]) )
```

以上をすべてつなげると、画像認識を行う側のプログラムは、次のようになります。

SOURCE CODE ‖ chapt02-2.pyのコード

```
import chainer
import chainer.functions as F
import chainer.links as L
from chainer import training, datasets, iterators, optimizers
from chainer.training import extensions
import numpy as np
from PIL import Image


uses_device = 0     # GPU#0を使用


# GPU使用時とCPU使用時でデータ形式が変わる
if uses_device >= 0:
  import cupy as cp
else:
  cp = np


class NMIST_Conv_NN(chainer.Chain):

  def __init__(self):
    super(NMIST_Conv_NN, self).__init__()
    with self.init_scope():
      self.conv1 = L.Convolution2D(1, 8, ksize=3)  # フィルタサイズ＝3で出力数8
      self.linear1 = L.Linear(1352, 10)      # 出力数10


  def __call__(self, x, t=None, train=True):
    # 畳み込みニューラルネットワークによる画像認識
    h1 = self.conv1(x)          # 畳み込み層
    h2 = F.relu(h1)            # 活性化関数
    h3 = F.max_pooling_2d(h2, 2)  # プーリング層
    h4 = self.linear1(h3)        # 全結合層
    # 損失か結果を返す
    return F.softmax_cross_entropy(h4, t) if train else F.softmax(h4)


# ニューラルネットワークを定義
model = NMIST_Conv_NN()


if uses_device >= 0:
  # GPUを使う
  chainer.cuda.get_device_from_id(0).use()
  chainer.cuda.check_cuda_available()
```

■ SECTION-006 ■ 学習したニューラルネットワークを使う

```
# GPU用データ形式に変換
model.to_gpu()

# 学習結果を読み込む
chainer.serializers.load_hdf5( 'chapt02.hdf5', model )

# 画像を読み込む
image = Image.open('test/mnist-0.png').convert('L')
# ニューラルネットワークの入力に合わせて成形する
pixels = cp.asarray(image).astype(cp.float32).reshape(1,1,28,28)
pixels = pixels / 255

# ニューラルネットワークを実行する
result = model(pixels, train=False)
# 実行結果を表示する
for i in range(len(result.data[0])):
  print( str(i) + '\t' + str(result.data[0][i]) )
```

このプログラムを実行すると、次のように画像認識の結果が表示されます。

```
$ python3 chapt02-2.py
0    0.9999908208847046
1    3.1634378767913954e-15
2    8.645548405183945e-06
3    2.689852340864718e-09
4    2.531009832328155e-14
5    2.412293698128565e-10
6    4.984216843695322e-07
7    3.2067098976185093e-11
8    4.357068039695378e-09
9    3.4189371334036878e-09
```

ここでは、「data/mnist-0.png」から0が書かれた画像を読み込んでいるので、結果となる配列の中の、0の値が最も大きく、その他の値はそれより小さなものになっています。

なお、ニューラルネットワークに乱数が使われるため、ここでも実行結果は書面の数値と若干異なることがあります。そうした差異は誤差の範囲としてとらえてください。

CHAPTER 03

超解像画像の作成

SECTION-007

ニューラルネットワーク作成の下準備

▶ ニューラルネットワークによる超解像

前章で作成した画像認識を行うニューラルネットワークでは、入力されるデータ（画像）に対して出力されるデータ（ラベルの番号）の方が単純な形をしていました。

しかし、本書で取り扱う、コンテンツの自動生成を行うニューラルネットワークでは、ニューラルネットワークに入力されるデータよりも、その出力の方が複雑な形をしていなければなりません。単純な形の入力データから複雑な形の出力を行うために必要な情報量は、学習の際に教師データからニューラルネットワーク内部に埋め込まれることになります。

この章では、入力データよりも大きな出力を行うニューラルネットワークのサンプルとして、画像の超解像を行うニューラルネットワークを作成します。

◆ FSRCNNの特徴

超解像とは、解像度の低い画像に対して処理を行い、高解像度の画像出力を得る技術のことを呼びます。

低解像度の画像から高解像度の出力を行うということは、単純に考えて画素数が増える分だけ、たくさんのデータを出力しなければなりません。そのため、通常の手法でも、単なるアップサンプリングだけではなく、失われた高周波成分を補うなどの処理を行って増えた画素分のデータを生成することになります。

その超解像を、ニューラルネットワークによって実行しようというアイデアが、チャオ・ドン、チェン・チェンジ・ロイらによって発表された**SRCNN**（http://personal.ie.cuhk.edu.hk/~ccloy/files/eccv_2014_deepresolution.pdf）[3-1]です。

SRCNNでは、3層または4層の畳み込みニューラルネットワークに、高解像度の画像と低解像化したデータを学習させることで、超解像の実行を行います。

SRCNNは単純なニューラルネットワークであるにもかかわらず、教師データのセットを選別すればかなり良い出力を得ることができて、超解像AI「waifu2x（http://waifu2x.udp.jp/）」のベースともなりました。

そして、そのSRCNNをさらに発展させて、合計8層からなるニューラルネットワークで超解像の実行を行うようにしたものが、**FSRCNN**（https://arxiv.org/abs/1608.00367）[3-2]となります。FSRCNNでは、SRCNNよりも層の数は増えていますが、層内の合計ニューロン数でみると大幅に少なくなっており、SRCNNよりも高速に動作する（しかも出力精度は向上している）ことが特徴です。

◆ FSRCNNの構造

FSRCNNは、基本的にはSRCNNの発展形として作成されています。SRCNNとの大きな違いは、SRCNNでは1層の畳み込み層で実装していた中間層を、複数の畳み込み層を組み合わせたものへと変更した点と、最終層をDeconvolution層（畳み込み層の逆演算を行う層）へと変更している点です。

■SECTION-007■ ニューラルネットワーク作成の下準備

●FSRCNNの構造

最終層がDeconvolution層に変更されているため、FSRCNNでは入力側のサイズよりも出力側のサイズの方が大きくなっています。そのため、ニューラルネットワーク内のノード数で見ると、SRCNNよりも少なくて済むようになっているのですが、一般的にDeconvolution層を含むニューラルネットワークは学習が不安定で、正しく学習させるための条件がシビアなものになります。

FSRCNNのユニークなポイントは、ニューラルネットワークの初期値を調整することで、学習の進み方を超解像が実行できるように設定しているところにあります。

●データセットの入手

ニューラルネットワークを使用した超解像では、高解像度の出力を教師データをもとに作成するという性質上、教師データの質によって性能が左右されるという特徴があります。

つまり、イラストデータを中心に学習させたニューラルネットワークでは、写真などの画像に対する超解像はうまく動作できず、また逆に写真などの画像を中心に学習させたニューラルネットワークでは、イラストや絵画など特性が異なっている画像を正しく扱うことは難しいのです。

そのため、用意する教師データとしては、できるだけ同じような特性を持った画像を多数、揃えて、その特性を持った画像専用のニューラルネットワークを作成するようにします。

異なる特性の画像に対しては、前章で紹介した画像認識ニューラルネットワークを組み合わせて使用するニューラルネットワークを分けるなどの工夫が必要になります。

◆ スクレイピングとは

スクレイピングとは、Webをクローリングし、必要なデータをダウンロードして保存することを呼びます。本書ではスクレイピングに必要なプログラミング上のテクニックは紹介しませんが、ここではPythonのプログラムを作成して、Wikimediaに存在する画像データをダウンロードし、適切なサイズに切り出して保存します。

■ SECTION-007 ■ ニューラルネットワーク作成の下準備

◆ gdalのインストール

Wikimediaに存在する画像データの中には、16bitのTIFFデータが含まれており、その
データはPythonのImageライブラリでは直接、読み込むことができません。そこで、「gdal」コ
マンドを使用して画像の形式を変換する必要があります。

まずは、次のコマンドを実行して「gdal」をインストールします。

```
$ sudo apt install gdal-bin
```

◆ プログラムの作成

スクレイピングする画像は、Wikimediaのカテゴリーにある、17世紀に描かれた女性の肖像
画にしました。理由としては、この時代の肖像画は様式が比較的固定されており、同じようなポー
ズと配置のイラストを揃えることができる点と、データの数があまり多すぎず、学習にかかる時間
が少なくて済むため、書籍で紹介するサンプルとしてはちょうどいいと判断したためです。

Wikimediaのカテゴリー名は「17th-century oil portraits of standing women at three-
quarter length」で、次のURLから参照することができます。

URL https://commons.wikimedia.org/wiki/Category:
17th-century_oil_portraits_of_standing_women_at_three-quarter_length

● Wikimedia

それでは実際にスクレイピングを行うプログラムを作成します。

まずは必要なライブラリをインポートし、ファイルを保存するディレクトリの作成とプログラムの
設定を行います。ファイルを保存するディレクトリは、Wikimediaからダウンロードした画像は
「portrait」ディレクトリに、そこから切り出した教師データは「train」ディレクトリに保存す
るようにしています。

56

■ SECTION-007 ■ ニューラルネットワーク作成の下準備

SOURCE CODE || chapt03-1.pyのコード

```python
# -*- coding: utf-8 -*-
import codecs
import re
import urllib.parse
import urllib.request
import os
import socket
from PIL import Image

# 保存場所の作成
if not os.path.isdir('portrait'):
  os.mkdir('portrait')
if not os.path.isdir('train'):
  os.mkdir('train')

# URLのリスト
base_url = 'https://commons.wikimedia.org'
url = base_url + '/wiki/Category:17th-century_oil_portraits_of_standing_women_at_three-
quarter_length'
suburl = base_url + '/wiki/File:'
next_page = url

# タイムアウトを設定
socket.setdefaulttimeout(10)
# 画像サイズの上限を廃止
Image.MAX_IMAGE_PIXELS = None
```

次に、実際にページをダウンロードして、タグを検索しながら次のページを開いていきます。

スクレイピングについては本書のテーマではないので、ここでは詳しい解説はしませんが、基本的にはページのHTMLをダウンロードし、正規表現を使用してタグを検索することの繰り返しとなっています。

次のコードでは、ダウンロードしたページから<a>タグを検索してサブページを開き、そのサブページの中から「https://upload.wikimedia.org/」以下にアップロードされているファイルを検索することで、ダウンロードする画像ファイルのURLを取得しています。さらにダウンロードした画像がTIFF画像の場合は外部コマンドの「gdal_translate」を呼び出して、JPEG画像に変換しています。

SOURCE CODE || chapt03-1.pyのコード

```python
# スクレイピング
while len(next_page) > 0:
  url = next_page
  next_page = ''
  # 日本語版Wikimediaのページ
  with urllib.request.urlopen(url) as response:
```

57

■ SECTION-007 ■ ニューラルネットワーク作成の下準備

```python
# URLから読み込む
html = response.read().decode('utf-8')


# ページタイトルと次のページへのリンクを取得
title = re.findall(r'<title>([\s\S]*) - Wikimedia Commons</title>', html)
if len(title) < 1:
  break
nextpage = re.findall(\
    r'<a\s*href=\"(/w/index.php?[\s\S]*)\" title=\"'+title[0]+'\">[\s\S]*>next page</a>',\
    html)


# ギャラリー表示部分のタグを取得する
gallery = re.findall(\
  r'<div class=\"gallerytext\">\s+<a\s+href=\"/wiki/File:(\S*)\"',\
  html, re.DOTALL)


# ギャラリーを開く
for g in gallery:
  # サブページを開く
  with urllib.request.urlopen(suburl + g) as response:
    g = urllib.parse.quote_plus(urllib.parse.unquote_plus(g))
    # URLから読み込む
    html = response.read().decode('utf-8')
    original = re.findall(\
      r'<a\s+(?:class=\"internal\")?\s*\
          href=\"(https://upload.wikimedia.org/\S*/'+g+')\"[\s\S]*>[\s\S]*</a>',\
      html)
    # 画像をダウンロード
    for o in original:
    for o in original:
      face = o.rsplit('/', 1)[1]
      os.system('wget '+o+' -O portrait/'+face)
      # TIFファイルはJpegに変換する
      if face.endswith('.tif') or face.endswith('.tiff'):
        os.system('gdal_translate -of JPEG -ot Byte -co QUALITY=100' + \
              ' portrait/'+face+' portrait/'+face+'.jpg')
        os.remove('portrait/'+face)
        os.remove('portrait/'+face+'.jpg.aux.xml')


# 次のページのURLを作る
if len(nextpage) > 0:
  next = nextpage[0].replace('&amp;', '&')
  next_page = base_url + next
else:
  next_page = ''
```

最後に、ダウンロードした画像すべてを読み込んで、画像の上部中央から正方形を切り出します。これは、だいたい顔の付近を切り出す処理で、ニューラルネットワークの実行結果を見やすくするために、サンプルとして顔の画像を扱いたかったためです。

次のコードでは、結果として320ピクセル四方の画像が保存されます。

SOURCE CODE | chapt03-1.pyのコード

```python
# 320x320のデータセットを作る
fs = os.listdir('portrait')
numimg = 0
for fn in fs:
    # 画像を読み込み
    img = Image.open('portrait/' + fn).convert('RGB')
    # 上部中央の顔付近を切り出す
    w = img.size[0] / 2
    x = img.size[0] / 4
    img = img.crop((x, 0, x+w, w)).resize((320,320))
    # 名前を付けて保存する
    img.save('train/'+str(numimg)+'.png')
    numimg = numimg + 1
```

◆ 入手したデータセット

上記のコードをすべてつなげて実行すると、画像のダウンロードが始まります。

```
$ python3 chapt03-1.py
Pulzone%2C_Scipione_-_Cristina_di_Lorena%2C_granduchessa_di_Toscana_-_1590.jpg
Anne_of_Austria%2C_Consort_of_Emperor_Mathias_%28Gaspar_de_Crayer%29_-_Nationalmuseum_-
_17411.tif
・・・(略)
$ ls -l train/
total 32624
-rw-rw-r-- 1 ubuntu ubuntu  95597 Sep 19 01:07 0.png
-rw-rw-r-- 1 ubuntu ubuntu 165183 Sep 19 01:07 100.png
-rw-rw-r-- 1 ubuntu ubuntu 156030 Sep 19 01:07 101.png
-rw-rw-r-- 1 ubuntu ubuntu 124558 Sep 19 01:07 102.png
・・・(略)
```

参考までに、次ページに「train」ディレクトリ内に保存された画像をいくつか掲載します。実際にはこのような画像が233枚作成されるので、この章ではその画像を教師データとして使用します。

■ SECTION-007 ■ ニューラルネットワーク作成の下準備

◉教師データの例:train-1.png～train-5.png

> **COLUMN**
> **スクレイピングに利用できるライブラリ**
>
> 　この章では、単純な正規表現による文字列検索を利用しましたが、より複雑なページのクローリングを行う場合などは、専用のライブラリを使用することで、簡単にスクレイピング用のプログラムを作成することができます。
> 　Pythonで利用できるスクレイピング用ライブラリとしては、**Scrapy**というライブラリがあり、DOMやCSSのセレクタを使用して対象のファイルをダウンロード指定することができます。
> 　また、JavaScriptで生成されるページに対しても、**Selenium**や**Splinter**といったライブラリを利用することで対応できます。
> 　Web上のデータを利用して本格的な人工知能を作成する際は、データの収集をいかに効率良く行うかも重要なテーマになるので、スクレイピング用のプログラム作成に興味のある読者は、それらのライブラリの使用も検討してみるとよいでしょう。

SECTION-008

超解像ネットワークの学習

ネットワークモデルの作成

教師データとなる画像を用意したら、実際にニューラルネットワークの定義を作成して機械学習を行うためのプログラムを作成します。

◆ 重みデータの初期値を設定

この章でも前章と同じように、ニューラルネットワークの定義をPythonのクラスとして作成します。ここでは「SuperResolution_NN」という名前のクラスを作成しました。

前章と異なっている点は、ニューラルネットワーク内に含まれる層の数と、それぞれの層に重みデータの初期値を設定する点です。重みデータの初期値は乱数を使用して初期化するのですが、FSRCNNではその乱数の設定を各層ごとに最適化している点に特徴があります。初期化に使用する乱数の設定は「chainer.initializers.Normal」クラスで作成し、各層を定義する際に引数として渡します。

FSRCNNで使用する初期値を論文から引用してChainer用に定義すると、次のようになります。

SOURCE CODE | chapt03-2.pyのコード

```
class SuperResolution_NN(chainer.Chain):

    def __init__(self):
        # 重みデータの初期値を指定する
        w1 = chainer.initializers.Normal(scale=0.0378, dtype=None)
        w2 = chainer.initializers.Normal(scale=0.3536, dtype=None)
        w3 = chainer.initializers.Normal(scale=0.1179, dtype=None)
        w4 = chainer.initializers.Normal(scale=0.189, dtype=None)
        w5 = chainer.initializers.Normal(scale=0.0001, dtype=None)
        super(SuperResolution_NN, self).__init__()
```

◆ 使用する活性化関数

次に、先ほどの初期値の設定を使用してニューラルネットワークの層を作成していきます。FSRCNNに含まれるのは7層の畳み込み層と1層のDeconvolutionですが、それぞれの層をつなぐ際には活性化関数を使用します。

代表的な活性化関数については第1章で紹介しましたが、その中の**ReLU**という関数は、画像を扱うためのニューラルネットワークではよく使われているほか、いくつかのバリエーションが生み出されています。たとえば、ReLU関数のバリエーションの1つである**Leaky ReLU関数**は、次のように定義されます。

●PReLU関数の定義

```
f(x) = max(0.01x, x)
```

■SECTION-008■ 超解像ネットワークの学習

　これは、ReLU関数では入力値が負の値のとき、その値が持つ情報が消失してしまうのに対して、ある程度の情報を保持したまま次の層へ伝播させようという意味を持ちます。

　また、同じくReLU関数のバリエーションである**にPReLU関数**は、ReLU関数に学習可能なパラメーターを追加した関数で、次のように定義されます。

◉PReLU関数の定義

$f(x) = max(ax, x)$　　　ただし*a*は学習可能なパラメーター

　この章で作成するFSRCNNでは、活性化関数としてこのPReLU関数を使用します。Chainerには、PReLUの実装として「**F.prelu**」関数も用意されていますが、PReLUには学習可能なパラメーターが含まれているので、ここではレイヤーとして利用できる「**L.PReLU**」を使用します。

◆ ニューラルネットワークの層を作成

　次のように、ニューラルネットワークの層の1つとして「L.PReLU」を用意すれば、PReLUに含まれるパラメーターも層の内部で定義されるので、学習パラメーターについて意識することなくPReLU関数を利用できます。

SOURCE CODE | chapt03-2.pyのコード

```
# すべての層を定義する
with self.init_scope():
    self.c1 = L.Convolution2D(1, 56, ksize=5, stride=1, pad=0, initialW=w1)
    self.l1 = L.PReLU()
    self.c2 = L.Convolution2D(56, 12, ksize=1, stride=1, pad=0, initialW=w2)
    self.l2 = L.PReLU()
    self.c3 = L.Convolution2D(12, 12, ksize=3, stride=1, pad=1, initialW=w3)
    self.l3 = L.PReLU()
    self.c4 = L.Convolution2D(12, 12, ksize=3, stride=1, pad=1, initialW=w3)
    self.l4 = L.PReLU()
    self.c5 = L.Convolution2D(12, 12, ksize=3, stride=1, pad=1, initialW=w3)
    self.l5 = L.PReLU()
    self.c6 = L.Convolution2D(12, 12, ksize=3, stride=1, pad=1, initialW=w3)
    self.l6 = L.PReLU()
    self.c7 = L.Convolution2D(12, 56, ksize=1, stride=1, pad=1, initialW=w4)
    self.l7 = L.PReLU()
    self.c8 = L.Deconvolution2D(56, 1, ksize=9, stride=3, pad=4, initialW=w5)
```

　ここで定義している入力層と出力層では、1チャンネルのデータを入力・出力として扱うようになっています。これは、この章で作成するFSRCNNではカラー画像をRGBカラーモデルではなく、YUVカラーモデルとして扱い、そのうちのYチャンネルのみをニューラルネットワークを使用して超解像画像とするためです。

　この手法は、人間の目が明るさの変化には敏感な一方、色の変化には鈍感な性質を利用したもので、RGBカラーモデルをそのまま扱うよりも、ニューラルネットワークのノード数と学習時間を減らすことができます。

SECTION-008 ■ 超解像ネットワークの学習

◆ 損失関数の選択

前章では、クラス分類を行うためのニューラルネットワークを作成したので、損失関数としては「F.softmax_cross_entropy」を使用していました。「F.softmax_cross_entropy」を使用すると、ニューラルネットワークの出力を正規化した上で、正解となるデータが表す場所の値が最大になるように、ニューラルネットワークを学習させます。

しかし、この章では、クラス分類ではなく任意のデータを出力させたいので、異なる損失関数を使用します。

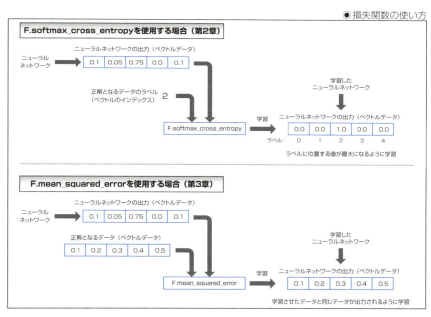

●損失関数の使い方

この章で作成するFSRCNNでは、ニューラルネットワークの出力を、正解となる教師データと同じようになるように学習させる必要があります。そのためには損失関数で、ニューラルネットワークの出力と正解となる教師データとの差分を計算してやる必要があります。

ニューラルネットワークの扱うデータはベクトルデータなので、その差分を計算する方法にはいくつかの方法がありますが、よく使われる損失関数としては「F.mean_squared_error」（誤差二乗平均）や「F.mean_absolute_error」（差の絶対値の平均）などがあります。

層間の接続については、前章のものと同じくニューラルネットワークの定義を行うクラスの「__call__」関数内で演算を行うことで作成します。また、前章と同じように「__call__」関数の引数には学習時の呼び出しかどうかを表すパラメーターを用意し、学習時には損失関数を返すようにします。ここでは、損失関数には「F.mean_squared_error」を使用しました。

■ SECTION-008 ■ 超解像ネットワークの学習

◆ 層間の接続を作成

さらに、この章では活性化関数となるPReLU関数も層の1つとして定義したので、「__call__」関数は次のようになります。

```
SOURCE CODE    chapt03-2.pyのコード
def __call__(self, x, t=None, train=True):
  h1 = self.l1(self.c1(x))
  h2 = self.l2(self.c2(h1))
  h3 = self.l3(self.c3(h2))
  h4 = self.l4(self.c4(h3))
  h5 = self.l5(self.c5(h4))
  h6 = self.l6(self.c6(h5))
  h7 = self.l7(self.c7(h6))
  h8 = self.c8(h7)
  # 損失か結果を返す
  return F.mean_squared_error(h8, t) if train else h8
```

各畳み込み層とDeconvolution層では、フィルターサイズの他にストライドとパディングが設定されているので、層ごとの画像のサイズを計算するのは少し面倒になります。

結果だけを書いてしまえば、このニューラルネットワークに16×16ピクセルの画像データを入力すると、出力データは40×40ピクセルとなります。

● ニューラルネットワークの学習

ニューラルネットワークの定義が完成したら、次は教師データを読み込んでニューラルネットワークを学習させるためのコードを作成していきます。

◆ カスタムUpdaterの作成

前章ではChainerが用意しているStandardUpdaterクラスをそのまま利用しましたが、この章では独自の学習コードを作成できるように、カスタムUpdaterを用意します。カスタムUpdaterはStandardUpdaterの派生クラスとして作成し、「update_core」メソッドの中に独自の学習コードを作成します。まずは次のように、「SRUpdater」という名前のクラスを作成します。

```
SOURCE CODE    chapt03-2.pyのコード
# カスタムUpdaterのクラス
class SRUpdater(training.StandardUpdater):

  def __init__(self, train_iter, optimizer, device):
    super(SRUpdater, self).__init__(
      train_iter,
      optimizer,
      device=device
    )


  def update_core(self):
    # ここに学習のコードを作成する
```

■SECTION-008 ■ 超解像ネットワークの学習

◆バッチ処理のデータを用意

次に、データを受け取って1バッチ分の学習用データを用意します。

作成したUpdaterに設定されるイテレーターとOptimizerは、「self.get_iterator」と「self.get_optimizer」関数から取得することができます。また、イテレーターにはPythonのImageライブラリでYUVカラーモデルに変換済みの画像を設定することとします。

すると、Updaterでは、イテレーターから受け取ったデータから高解像度のデータと低解像度のデータを作成して、バッチ処理用の配列として用意すればよいことになります。

先ほど作成したニューラルネットワークの定義では、40×40ピクセルの出力データに対して、入力データは16×16ピクセルとなっていました。そこで、受け取った画像を16×16ピクセルへとリサイズして入力データとし、超解像の実行を行った後の正解データとしては、受け取った40×40ピクセルのデータをそのまま利用するようにします。

そして、実際にニューラルネットワークへと渡すデータとするために、Imageライブラリの画像からいったんnumpyの配列へと変換します。

FSRCNNのニューラルネットワークでは、画素の値を0から1の範囲で扱うので、変換したデータを255で割って値の範囲を変更します。その後、numpyまたはcupyの配列にすることで、実際にニューラルネットワークへと入力できる形式のデータが作成されます。

SOURCE CODE ‖ chapt03-2.pyのコード

```python
# データを1バッチ分取得
batch = self.get_iterator('main').next()
# Optimizerを取得
optimizer = self.get_optimizer('main')


# バッチ分のデータを作る
x_batch = [] # 入力データ
y_batch = [] # 正解データ
for img in batch:
    # 高解像度データ
    hpix = np.array(img, dtype=np.float32) / 255.0
    y_batch.append([hpix[:,:,0]]) # Yのみの1chデータ
    # 低解像度データを作る
    low = img.resize((16, 16), Image.NEAREST)
    lpix = np.array(low, dtype=np.float32) / 255.0
    x_batch.append([lpix[:,:,0]]) # Yのみの1chデータ

# numpy or cupy配列にする
x = cp.array(x_batch, dtype=cp.float32)
y = cp.array(y_batch, dtype=cp.float32)
```

CHAPTER
03
超解像画像の作成

■ SECTION-008 ■ 超解像ネットワークの学習

◆逆伝播

後は、用意したデータをニューラルネットワークへと入力し、損失関数から計算した損失を逆伝播させてやればよいだけです。

Chainerでは、Optimizerの「update」関数に損失関数とその引数を渡してやれば、逆伝播からニューラルネットワークの重みデータの更新までを自動で行ってくれます。ここでは次のように、Optimizerも設定してあるニューラルネットワークのモデルと、用意したバッチ分のデータを与えてやります。

```
SOURCE CODE    chapt03-2.pyのコード

# ニューラルネットワークを学習させる
optimizer.update(optimizer.target, x, y)
```

上記のコードが実行されると、ニューラルネットワークの定義を行ったクラス内の「__call__」関数が、「update」関数に渡された「x」「y」を引数として呼び出され、その結果、返される損失関数の戻り値がニューラルネットワークへと逆伝播していくことになります。

▶学習アルゴリズムの作成

カスタムUpdaterを作成したら、教師データとなる画像を読み込んで実際に学習を行います。

まずは次のように、ニューラルネットワークのモデルを作成し、GPUを使用する場合はGPU用にデータ形式を変換しておきます。

```
SOURCE CODE    chapt03-2.pyのコード

# ニューラルネットワークを作成
model = SuperResolution_NN()

if uses_device >= 0:
    # GPUを使う
    chainer.cuda.get_device_from_id(0).use()
    chainer.cuda.check_cuda_available()
    # GPU用データ形式に変換
    model.to_gpu()
```

◆データの読み込み

スクレイピングの際に、教師データとなる画像はすべて「train」ディレクトリ内に保存しておきました。「train」ディレクトリ内に保存した画像は320×320ピクセルのデータですが、機械学習で利用するデータは40×40ピクセルのデータです。

そこで「train」ディレクトリ内のファイルをすべて検索して、読み込んだ画像から40×40ピクセルの画像データを切り出していく処理を作成します。

そのための処理は単純なもので、次のように二重の「while」ループの中で、切り出す場所を更新しながら部分画像を取得し、「images」リストに追加していきます。切り出す画像は40×40ピクセルの大きさですが、少しずつ画像が被るように、20ピクセルずつずらしながら切り出す場所を更新していきます。

■ SECTION-008 ■ 超解像ネットワークの学習

SOURCE CODE chapt03-2.pyのコード

```python
images = []

# すべてのファイル
fs = os.listdir('train')
for fn in fs:
    # 画像を読み込み
    img = Image.open('train/' + fn).resize((320, 320)).convert('YCbCr')
    cur_x = 0
    while cur_x <= 320 - 40:
        cur_y = 0
        while cur_y <= 320 - 40:
            # 画像から切り出し
            rect = (cur_x, cur_y, cur_x+40, cur_y+40)
            cropimg = img.crop(rect).copy()
            # 配列に追加
            images.append(cropimg)
            # 次の切り出し場所へ
            cur_y += 20
        cur_x += 20
```

上記の処理が終われば「`images`」リストに切り出した画像が入っているので、後はChainer
のイテレーターを作成して、Updaterへと渡すだけです。

SOURCE CODE chapt03-2.pyのコード

```python
# 繰り返し条件を作成する
train_iter = iterators.SerialIterator(images, batch_size, shuffle=True)
```

◆ 学習アルゴリズムの選択

最後に学習アルゴリズムを選択して、機械学習を実行します。そのためのコードは前章のも
のとほぼ同じものになります。

FSRCNNの元の論文では、学習アルゴリズムとしてMomentumSGDを使用していました
が、ここではAdamアルゴリズムを使用することにしました。ここでは10000エポック分学習する
ようにしていますが、Adamアルゴリズムを使用する場合は1000エポック分ほどの学習回数で
も、ある程度の高解像度画像を出力できるようになるようです。

SOURCE CODE chapt03-2.pyのコード

```python
# 誤差逆伝播法アルゴリズムを選択する
optimizer = optimizers.Adam()
optimizer.setup(model)

# デバイスを選択してTrainerを作成する
updater = SRUpdater(train_iter, optimizer, device=uses_device)
trainer = training.Trainer(updater, (10000, 'epoch'), out="result")
# 学習の進展を表示するようにする
trainer.extend(extensions.ProgressBar())
```

■ SECTION-008 ■ 超解像ネットワークの学習

◆ スナップショットの保存

上記のコードでは10000エポック分学習するように設定しているので、学習が完了するまでにはかなり長い時間がかかります。そこで、学習の途中で割り込みを入れて、そのときの中間結果としてニューラルネットワークのモデルデータを保存しておくようにしました。

学習の途中で割り込みを入れるには、「@chainer.training.make_extension」を付けて定義した関数を、Chainerのトレーナーに対してエクステンションとして設定します。また、「@chainer.training.make_extension」では割り込みを行うタイミングについても設定しますが、ここでは1000エポックごとに割り込みが入るようにしました。

```
SOURCE CODE   chapt03-2.pyのコード

# 中間結果を保存する
n_save = 0
@chainer.training.make_extension(trigger=(1000, 'epoch'))
def save_model(trainer):
    # NNのデータを保存
    global n_save
    n_save = n_save+1
    chainer.serializers.save_hdf5( 'chapt03-'+str(n_save)+'.hdf5', model )
trainer.extend(save_model)
```

上記のコードは機械学習が1000エポック分進むごとに呼び出されて、「chapt03-1.hdf5」のように番号がついた名前で、ニューラルネットワークのデータを保存します。これにより、もし長い学習時間の間に機械学習が止まってしまうことがあれば、途中で保存しておいたデータを読み込んで、途中から機械学習を再開することができるようになります。

最後に、次のようにトレーナーの「run」を呼び出して、機械学習を実行します。また、前章と同じように学習が終わったらニューラルネットワークのモデルデータを保存するようにします。

```
SOURCE CODE   chapt03-2.pyのコード

# 機械学習を実行する
trainer.run()

# 学習結果を保存する
chainer.serializers.save_hdf5( 'chapt03.hdf5', model )
```

◆ 最終的なコード

以上の内容をまとめると、FSRCNNの学習を行う最終的なコードは、次のようになります。

```
SOURCE CODE   chapt03-2.pyのコード

import chainer
import chainer.functions as F
import chainer.links as L
from chainer import training, datasets, iterators, optimizers
from chainer.training import extensions
import numpy as np
```

■ SECTION-008 ■ 超解像ネットワークの学習

```python
import os
import math
from PIL import Image


batch_size = 128    # バッチサイズ128
uses_device = 0      # GPU#0を使用

# GPU使用時とCPU使用時でデータ形式が変わる
if uses_device >= 0:
    import cupy as cp
    import chainer.cuda
else:
    cp = np


class SuperResolution_NN(chainer.Chain):

    def __init__(self):
        # 重みデータの初期値を指定する
        w1 = chainer.initializers.Normal(scale=0.0378, dtype=None)
        w2 = chainer.initializers.Normal(scale=0.3536, dtype=None)
        w3 = chainer.initializers.Normal(scale=0.1179, dtype=None)
        w4 = chainer.initializers.Normal(scale=0.189, dtype=None)
        w5 = chainer.initializers.Normal(scale=0.0001, dtype=None)
        super(SuperResolution_NN, self).__init__()
        # すべての層を定義する
        with self.init_scope():
            self.c1 = L.Convolution2D(1, 56, ksize=5, stride=1, pad=0, initialW=w1)
            self.l1 = L.PReLU()
            self.c2 = L.Convolution2D(56, 12, ksize=1, stride=1, pad=0, initialW=w2)
            self.l2 = L.PReLU()
            self.c3 = L.Convolution2D(12, 12, ksize=3, stride=1, pad=1, initialW=w3)
            self.l3 = L.PReLU()
            self.c4 = L.Convolution2D(12, 12, ksize=3, stride=1, pad=1, initialW=w3)
            self.l4 = L.PReLU()
            self.c5 = L.Convolution2D(12, 12, ksize=3, stride=1, pad=1, initialW=w3)
            self.l5 = L.PReLU()
            self.c6 = L.Convolution2D(12, 12, ksize=3, stride=1, pad=1, initialW=w3)
            self.l6 = L.PReLU()
            self.c7 = L.Convolution2D(12, 56, ksize=1, stride=1, pad=1, initialW=w4)
            self.l7 = L.PReLU()
            self.c8 = L.Deconvolution2D(56, 1, ksize=9, stride=3, pad=4, initialW=w5)

    def __call__(self, x, t=None, train=True):
        h1 = self.l1(self.c1(x))
        h2 = self.l2(self.c2(h1))
        h3 = self.l3(self.c3(h2))
        h4 = self.l4(self.c4(h3))
```

■ SECTION-008 ■ 超解像ネットワークの学習

```python
        h5 = self.l5(self.c5(h4))
        h6 = self.l6(self.c6(h5))
        h7 = self.l7(self.c7(h6))
        h8 = self.c8(h7)
        # 損失か結果を返す
        return F.mean_squared_error(h8, t) if train else h8

# カスタムUpdaterのクラス
class SRUpdater(training.StandardUpdater):

    def __init__(self, train_iter, optimizer, device):
        super(SRUpdater, self).__init__(
            train_iter,
            optimizer,
            device=device
        )

    def update_core(self):
        # データを1バッチ分取得
        batch = self.get_iterator('main').next()
        # Optimizerを取得
        optimizer = self.get_optimizer('main')

        # バッチ分のデータを作る
        x_batch = []  # 入力データ
        y_batch = []  # 正解データ
        for img in batch:
            # 高解像度データ
            hpix = np.array(img, dtype=np.float32)  / 255.0
            y_batch.append([hpix[:,:,0]]) # Yのみの1chデータ
            # 低解像度データを作る
            low = img.resize((16, 16), Image.NEAREST)
            lpix = np.array(low, dtype=np.float32) / 255.0
            x_batch.append([lpix[:,:,0]]) # Yのみの1chデータ

        # numpy or cupy配列にする
        x = cp.array(x_batch, dtype=cp.float32)
        y = cp.array(y_batch, dtype=cp.float32)

        # ニューラルネットワークを学習させる
        optimizer.update(optimizer.target, x, y)

# ニューラルネットワークを作成
model = SuperResolution_NN()

if uses_device >= 0:
    # GPUを使う
```

SECTION-008 ■ 超解像ネットワークの学習

```python
chainer.cuda.get_device_from_id(0).use()
chainer.cuda.check_cuda_available()
# GPU用データ形式に変換
model.to_gpu()

images = []

# すべてのファイル
fs = os.listdir('train')
for fn in fs:
    # 画像を読み込み
    img = Image.open('train/' + fn).resize((320, 320)).convert('YCbCr')
    cur_x = 0
    while cur_x <= 320 - 40:
        cur_y = 0
        while cur_y <= 320 - 40:
            # 画像から切り出し
            rect = (cur_x, cur_y, cur_x+40, cur_y+40)
            cropimg = img.crop(rect).copy()
            # 配列に追加
            images.append(cropimg)
            # 次の切り出し場所へ
            cur_y += 20
        cur_x += 20

# 繰り返し条件を作成する
train_iter = iterators.SerialIterator(images, batch_size, shuffle=True)

# 誤差逆伝播法アルゴリズムを選択する
optimizer = optimizers.Adam()
optimizer.setup(model)

# デバイスを選択してTrainerを作成する
updater = SRUpdater(train_iter, optimizer, device=uses_device)
trainer = training.Trainer(updater, (10000, 'epoch'), out="result")
# 学習の進展を表示するようにする
trainer.extend(extensions.ProgressBar())

# 中間結果を保存する
n_save = 0
@chainer.training.make_extension(trigger=(1000, 'epoch'))
def save_model(trainer):
    # NNのデータを保存
    global n_save
    n_save = n_save+1
    chainer.serializers.save_hdf5( 'chapt03-'+str(n_save)+'.hdf5', model )
trainer.extend(save_model)
```

■ SECTION-008 ■ 超解像ネットワークの学習

```
# 機械学習を実行する
trainer.run()

# 学習結果を保存する
chainer.serializers.save_hdf5( 'chapt03.hdf5', model )
```

上記のコードを実行すると次のように表示され、機械学習が開始されます。

```
$ python3 chapt03-2.py
     total [.................................................]  0.02%
this epoch [#########........................................] 19.74%
       900 iter, 2 epoch / 10000 epochs
     42.202 iters/sec. Estimated time to finish: 1 day, 2:57:07.567428.
```

　学習が終了すれば、「chapt03.hdf5」という名前でニューラルネットワークのモデルデータが保存されます。学習の終了が待ちきれない場合は、学習済みのデータを、ソースコードと同じく「http://www.c-r.com/book/detail/1182」からダウンロードすることができるので、そのファイルを使用して次の超解像の実行へと進んで構いません。

また、学習の途中でも「chapt03-1.hdf5」のような名前でモデルデータが保存されるので、そのデータを使用して次の超解像の実行へと進むこともできます。

SECTION-009

超解像の実行

● データの読み込み

ニューラルネットワークの学習が終わったら、次はそのモデルデータを読み込んで超解像画像の生成を行うプログラムを作成します。

◆ ネットワークモデルの読み込み

まずはニューラルネットワークのモデルデータを読み込み、GPUを使用する場合にはGPU用のデータ形式に変換する必要があります。そのためのコードは前章のものとほぼ同じなので、特に解説はしません。

SOURCE CODE | chapt03-3.pyのコード

```python
# ニューラルネットワークを作成
model = SuperResolution_NN()

# 学習結果を読み込む
chainer.serializers.load_hdf5( 'chapt03.hdf5', model )

if uses_device >= 0:
    # GPUを使う
    chainer.cuda.get_device_from_id(0).use()
    chainer.cuda.check_cuda_available()
    # GPU用データ形式に変換
    model.to_gpu()
```

◆ もととなる画像の読み込み

次に、超解像を行うもととなる画像を読み込みますが、まずは入力となる画像のファイル名と、出力となる画像のファイル名を作成します。ここでは次のように、デフォルトでは「test.png」「dest.png」という名前で、かつコマンドラインからファイル名を設定することができるようにしました。

SOURCE CODE | chapt03-3.pyのコード

```python
# 入力ファイル
in_file = 'test.png'
if len(sys.argv) >= 2:
    in_file = str(sys.argv[1])

# 出力ファイル
dest_file = 'dest.png'
if len(sys.argv) >= 3:
    dest_file = str(sys.argv[2])
```

■ SECTION-009 ■ 超解像の実行

　入力ファイル名を取得したら、PythonのImageライブラリを利用して画像を読み込み、YUV
カラーモデルへと変換します。

　この章で作成したFSRCNNでは、16×16ピクセルの画像を入力値としてとるので、入力画
像のサイズは16×16ピクセルの倍数である必要があります。そこで次のようにして、入力画像
のサイズを16×16ピクセルの倍数へと変換しておきます。

SOURCE CODE ‖ chapt03-3.pyのコード

```python
# 入力画像を開く
img = Image.open(in_file).convert('YCbCr')

# 画像サイズが16ピクセルの倍数でない場合、16ピクセルの倍数にする
org_w = w = img.size[0]
org_h = h = img.size[1]
if w % 16 != 0:
  w = (math.floor(w / 16) + 1) * 16
if h % 16 != 0:
  h = (math.floor(h / 16) + 1) * 16
if w != img.size[0] or h != img.size[1]:
  img = img.resize((w,h))
```

▶ 超解像を実行

　入力画像の読み込みが終われば、いよいよ実際に超解像の実行を行います。

◆ 超解像画像の作成

　超解像の実行は、入力画像を16×16ピクセルごとに分解し、それぞれに対してニューラルネッ
トワークを呼び出すことで行います。次のように2つの「while」文でX座標、Y座標を移動させ
ながら入力画像を分解し、「model(x, train=False)」の文でFSRCNNを実行します。

　FSRCNNを実行した後の戻り値は、YUVカラーモデルのY値を保持した配列となるので、
まず、もとの画像をBICUBIC法で40×40ピクセルに拡大した画像を用意し、その画像データ
のYチャンネルに対してFSRCNNを実行した後の戻り値をコピーします。それにより、YUVカ
ラーモデルのY値についてはFSRCNNで作成し、残りのUとVについてはBICUBIC法で拡
大した画像が作成されます。

　後はその画像を、出力画像として用意しておいた画像バッファの指定の位置に貼り付けて
いけば、最終的にもとの画像に対して5/2倍のサイズとなる超解像画像が作成されます。

SOURCE CODE ‖ chapt03-3.pyのコード

```python
# 出力画像
dst = Image.new('YCbCr', (10*w//4, 10*h//4), 'white')

# 入力画像を分割
cur_x = 0
while cur_x <= img.size[0] - 16:
  cur_y = 0
```

74

■ SECTION-009 ■ 超解像の実行

```python
while cur_y <= img.size[1] - 16:
    # 画像から切り出し
    rect = (cur_x, cur_y, cur_x+16, cur_y+16)
    cropimg = img.crop(rect)
    # YCbCrのY画素のみを使う
    hpix = cp.array(cropimg, dtype=cp.float32)
    hpix = hpix[:,:,0] / 255
    x = cp.array([[hpix]], dtype=cp.float32)
    # 超解像を実行
    t = model(x, train=False)
    # YCbCrのCbCrはBICUBICで拡大
    dstimg = cropimg.resize((40, 40), Image.BICUBIC)
    hpix = np.array(dstimg, dtype=np.float32)
    # YCbCrのY画素をコピー
    hpix.flags.writeable = True
    if uses_device >= 0:
        hpix[:,:,0] = chainer.cuda.to_cpu(t.data[0]) * 255
    else:
        hpix[:,:,0] = t.data[0] * 255
    # 画像を結果に配置
    bytes = np.array(hpix.clip(0,255), dtype=np.uint8)
    himg = Image.fromarray(bytes, 'YCbCr')
    dst.paste(himg, (10*cur_x//4, 10*cur_y//4, 10*cur_x//4 + 40, 10*cur_y//4 + 40))
    # 次の切り出し場所へ
    cur_y += 16
cur_x += 16
```

◆ 結果の保存

　最後に、画像をRGBカラーモデルへと変換してやり、出力として保存すれば、超解像を行うプログラムは完成します。

SOURCE CODE ‖ chapt03-3.pyのコード

```python
# 結果を保存する
dst = dst.convert('RGB')
dst.save(dest_file)
```

　これまでのコードをつなげると、超解像を実行するプログラムは次のようになります。

SOURCE CODE ‖ chapt03-3.pyのコード

```python
import chainer
import chainer.functions as F
import chainer.links as L
from chainer import training, datasets, iterators, optimizers
from chainer.training import extensions
import numpy as np
import os
import math
```

■ SECTION-009 ■ 超解像の実行

```python
import sys
from PIL import Image
from PIL import ImageDraw


uses_device = 0      # GPU#0を使用

# GPU使用時とCPU使用時でデータ形式が変わる
if uses_device >= 0:
  import cupy as cp
  import chainer.cuda
else:
  cp = np


class SuperResolution_NN(chainer.Chain):

  def __init__(self):
    # 重みデータの初期値を指定する
    w1 = chainer.initializers.Normal(scale=0.0378, dtype=None)
    w2 = chainer.initializers.Normal(scale=0.3536, dtype=None)
    w3 = chainer.initializers.Normal(scale=0.1179, dtype=None)
    w4 = chainer.initializers.Normal(scale=0.189, dtype=None)
    w5 = chainer.initializers.Normal(scale=0.0001, dtype=None)
    super(SuperResolution_NN, self).__init__()
    # すべての層を定義する
    with self.init_scope():
      self.c1 = L.Convolution2D(1, 56, ksize=5, stride=1, pad=0, initialW=w1)
      self.l1 = L.PReLU()
      self.c2 = L.Convolution2D(56, 12, ksize=1, stride=1, pad=0, initialW=w2)
      self.l2 = L.PReLU()
      self.c3 = L.Convolution2D(12, 12, ksize=3, stride=1, pad=1, initialW=w3)
      self.l3 = L.PReLU()
      self.c4 = L.Convolution2D(12, 12, ksize=3, stride=1, pad=1, initialW=w3)
      self.l4 = L.PReLU()
      self.c5 = L.Convolution2D(12, 12, ksize=3, stride=1, pad=1, initialW=w3)
      self.l5 = L.PReLU()
      self.c6 = L.Convolution2D(12, 12, ksize=3, stride=1, pad=1, initialW=w3)
      self.l6 = L.PReLU()
      self.c7 = L.Convolution2D(12, 56, ksize=1, stride=1, pad=1, initialW=w4)
      self.l7 = L.PReLU()
      self.c8 = L.Deconvolution2D(56, 1, ksize=9, stride=3, pad=4, initialW=w5)

  def __call__(self, x, t=None, train=True):
    h1 = self.l1(self.c1(x))
    h2 = self.l2(self.c2(h1))
    h3 = self.l3(self.c3(h2))
    h4 = self.l4(self.c4(h3))
    h5 = self.l5(self.c5(h4))
```

■ SECTION-009 ■ 超解像の実行

```python
    h6 = self.l6(self.c6(h5))
    h7 = self.l7(self.c7(h6))
    h8 = self.c8(h7)
    # 損失か結果を返す
    return F.mean_squared_error(h8, t) if train else h8

# ニューラルネットワークを作成
model = SuperResolution_NN()

# 学習結果を読み込む
chainer.serializers.load_hdf5( 'chapt03.hdf5', model )

if uses_device >= 0:
  # GPUを使う
  chainer.cuda.get_device_from_id(0).use()
  chainer.cuda.check_cuda_available()
  # GPU用データ形式に変換
  model.to_gpu()

# 入力ファイル
in_file = 'test.png'
if len(sys.argv) >= 2:
  in_file = str(sys.argv[1])

# 出力ファイル
dest_file = 'dest.png'
if len(sys.argv) >= 3:
  dest_file = str(sys.argv[2])

# 入力画像を開く
img = Image.open(in_file).convert('YCbCr')

# 画像サイズが16ピクセルの倍数でない場合、16ピクセルの倍数にする
org_w = w = img.size[0]
org_h = h = img.size[1]
if w % 16 != 0:
  w = (math.floor(w / 16) + 1) * 16
if h % 16 != 0:
  h = (math.floor(h / 16) + 1) * 16
if w != img.size[0] or h != img.size[1]:
  img = img.resize((w,h))

# 出力画像
dst = Image.new('YCbCr', (10*w//4, 10*h//4), 'white')

# 入力画像を分割
cur_x = 0
```

CHAPTER 03

超解像画像の作成

■ SECTION-009 ■ 超解像の実行

```python
while cur_x <= img.size[0] - 16:
    cur_y = 0
    while cur_y <= img.size[1] - 16:
        # 画像から切り出し
        rect = (cur_x, cur_y, cur_x+16, cur_y+16)
        cropimg = img.crop(rect)
        # YCbCrのY画素のみを使う
        hpix = cp.array(cropimg, dtype=cp.float32)
        hpix = hpix[:,:,0] / 255
        x = cp.array([[hpix]], dtype=cp.float32)
        # 超解像を実行
        t = model(x, train=False)
        # YCbCrのCbCrはBICUBICで拡大
        dstimg = cropimg.resize((40, 40), Image.BICUBIC)
        hpix = np.array(dstimg, dtype=np.float32)
        # YCbCrのY画素をコピー
        hpix.flags.writeable = True
        if uses_device >= 0:
            hpix[:,:,0] = chainer.cuda.to_cpu(t.data[0]) * 255
        else:
            hpix[:,:,0] = t.data[0] * 255
        # 画像を結果に配置
        bytes = np.array(hpix.clip(0,255), dtype=np.uint8)
        himg = Image.fromarray(bytes, 'YCbCr')
        dst.paste(himg, (10*cur_x//4, 10*cur_y//4, 10*cur_x//4 + 40, 10*cur_y//4 + 40))
        # 次の切り出し場所へ
        cur_y += 16
    cur_x += 16

# 結果を保存する
dst = dst.convert('RGB')
dst.save(dest_file)
```

◆ 最終的な結果

　上記のプログラムは、次のように入力画像のファイル名と出力画像のファイル名を指定して実行します。

```
$ python3 chapt03-3.py in.png out.png
```

　試しにいくつかの画像を128×128ピクセルへとリサイズした上で、超解像を実行して320×320ピクセルへと変換してみたところ、その結果は次のようになりました。

　超解像の実行を16ピクセルごとに行っているので、若干の枠線が見えてしまっていますが、これは出力画像をさらにフィルタリングすることで見えにくくすることができます。

　出力された画像を拡大してみると、もとの画像よりも解像度が改善されており、もとの画像ではピクセルがつぶれて見えなくなってしまっているディテールが、見えるようになっていることがわかります。

■ SECTION-009 ■ 超解像の実行

◉元画像　◉元画像の一部を拡大したもの　◉さらに一部を拡大したもの

◉超解像画像　◉超解像画像の一部を拡大したもの　◉さらに一部を拡大したもの

◉元画像　◉元画像の一部を拡大したもの　◉さらに一部を拡大したもの

◉超解像画像　◉超解像画像の一部を拡大したもの　◉さらに一部を拡大したもの

CHAPTER 03 超解像画像の作成

79

CHAPTER 04

画像の自動生成

SECTION-010

画像の自動生成

●GANとDCGAN

CHAPTER 02では畳み込み層を使用した画像認識ニューラルネットワークを、CHAPTER 03では畳み込み層の逆演算であるDeconvolution層を使用した超解像ニューラルネットワークを作成しました。

ここで、畳み込み層の逆演算であるDeconvolution層が存在するならば、画像認識とは逆に、認識結果から画像を生成するニューラルネットワークが作成できるのではないかと考えるのは、当然の成り行きでしょう。

実際、Deconvolution層を含むニューラルネットワークは学習が難しくなる傾向があるのですが、ある学習テクニックを使うことで、画像を生成するニューラルネットワークを作成することができます。

この章ではそのような、画像を生成するニューラルネットワークについて解説します。

◆ Generative Adversarial Netsとは

Generative Adversarial Nets（GAN） とは、データを生成するタイプのニューラルネットワークを学習させるための手法です。

イアン・J・グッドフェロー、ジーン・プジェ=アバディ、マハディ・ミルザらによって発表されたGAN（https://papers.nips.cc/paper/5423-generative-adversarial-nets）[4-1] では、D-NetworkとG-Networkという2つのニューラルネットワークを同時に学習させて、それぞれのニューラルネットワークがお互いに相手の結果を学び合うようにしています。

GANの手法は、しばしば鑑定家と贋作者の関係に喩えられます。GANに含まれるニューラルネットワークのうち、D-Networkはデータが本物（教師データと同じ）か偽物（G-Networkによって生成された）かを判定する鑑定家として動作します。一方のG-Networkは贋作者としてD-Networkが本物と認識するようなデータを生成します。

●Generative Adversarial Nets

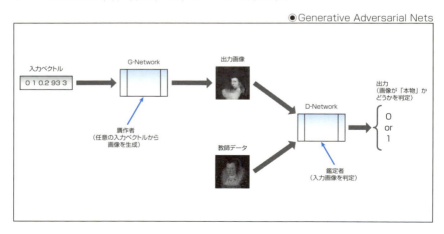

GANの学習が進むと、贋作者は鑑定家がどのような特徴を見てデータを判断しているのかを学習していき、より「本物らしい」データを出力するようになっていきます。その一方で鑑定家の方も、贋作者の出力を学習することで、より鑑定の精度が高くなっていきます。
　GANの手法における特徴は、それぞれのニューラルネットワークを競い合わせるように学習させることで、贋作者の出力が本物と区別が付かないようになっていくことです。

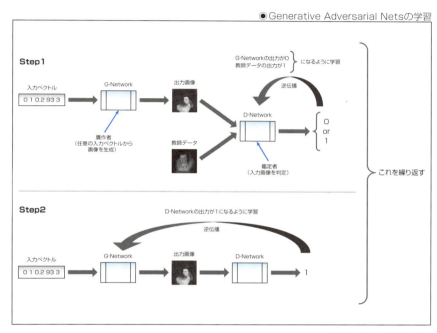

●Generative Adversarial Netsの学習

◆ Generative Adversarial Netsの応用

　GANは、ニューラルネットワークのモデル設計よりも、その学習のさせ方のほうが重要になるニューラルネットワークの代表例です。

　贋作者となるG-Networkとして画像を出力するDeconvolution層を含んだニューラルネットワークを、また、鑑定家となるD-Networkとしては畳み込みニューラルネットワークを使用することで、G-Networkから新しい画像を生成できるわけです。

　ただし、単純にGANを実装しても、ある程度、解像度の高い画像を出力しようとすると、なかなか思い通りの学習を行うことができません。

　GANの手法では、D-NetworkとG-Networkが足並みを揃えて学習していくことが必要なのですが、D-NetworkかG-Networkのいずれかが相手よりも先に学習を進めてしまうと（筆者の実験では大抵の場合、D-Networkの方が「完璧な鑑定」を返すようになって、G-Networkの学習が不可能になってしまいました）、学習が破綻してしまいます。

　異なるニューラルネットワークでは学習の進展速度も異なりますし、学習速度の調整には学習アルゴリズムの選択やニューラルネットワークのノード数など、さまざまなパラメーターが影響

■ SECTION-010 ■ 画像の自動生成

します。

　そこで、より正しく学習が進むパラメーターセットを発見して、GANの手法を適応できるように
したものが、実際の画像生成ニューラルネットワークとして利用されています。

　そのような画像生成ニューラルネットワークとしては、**DCGAN**（https://arxiv.org/
abs/1511.06434）[4-2]や、**W-GAN**（https://arxiv.org/abs/1701.07875）[4-3]などが知られて
おり、公開されている論文から正しく学習が進むパラメーターセットを入手することができます。

　そこでこの章では、GANの手法を応用したニューラルネットワークのうち、DCGANを使用
して画像の自動生成を行うことにします。

　なお、ChainerにおけるDCGANの実装については、Chainerのサンプルコード内（https://
github.com/chainer/chainer/tree/master/examples/dcgan）にも存在しています。この
章で作成するプログラムは、ChainerのサンプルコードにあるDCGANの実装を参考にしなが
ら、より少ない教師データセットから、より高解像度の出力を行えるように改良したものとなります。

▶ データの入手

　画像の自動生成を行うには、教師データとして画像データが必要になります。あまりたくさん
の教師データを用意するとその分だけ学習に時間がかかるので、実行結果をすぐに確かめ
ることができるように、ここでは数百枚程度の画像を教師データとして使用することにします。

　そのため、この章でもCHAPTER 03で作成したスクレイピングのプログラムをそのまま利
用することにしました。CHAPTER 03のプログラムをコピーして、次のコマンドを実行すると、
「train」ディレクトリ内に肖像画の顔付近を切り出した画像データが保存されます。

```
$ python3 chapt03-1.py
```

SECTION-011

DCGANの学習

▶鑑定家側ニューラルネットワークの作成

それでは実際にDCGANを使用して学習を行うプログラムを作成していきます。

DCGANには、鑑定家側のD-Networkと、贋作者側のG-Networkの2つのニューラルネットワークが存在していますが、まずは鑑定家側となるD-Networkを実装します。

◆Batch Normalizationとは

ディープラーニングでは、深い階層のニューラルネットワークを学習させる必要がありますが、ニューラルネットワークの階層が深くなれば、最終的には学習勾配が0に消失したり、無限大に発散したりすることがあります。そうなるとニューラルネットワークの学習は破綻してしまうので、それを防ぐための手法が必要になります。

そこで、セルゲイ・ヨッフェとクリスチャン・セゲディが提案した**Batch Normalization**（https://arxiv.org/abs/1502.03167）[4-4]では、バッチ処理として入力される複数のデータに対して、ニューラルネットワーク内部のデータを正規化することで、安定的な学習を実現しています。

Batch Normalizationが機能する詳しい原理については本書の範囲を超えるので解説しませんが、基本的には異なる入力データに対して、ニューラルネットワーク内部のデータ分布が異なる偏り方をしてしまうことを防ぐ意味を持っています。つまり、ニューラルネットワーク内部のデータに対して、異なる入力データ間で正規化を行うことで、学習勾配が局所的に極端な値を取ることを防いでいるのです。

したがって、Batch Normalizationを機能させるためには、バッチ処理が前提になりますし、学習時のみBatch Normalizationを有効にして、実際の実行時には無効にする処理も必要になります。また、Batch Normalizationを使用したニューラルネットワークの学習では、バッチサイズの大きさが学習結果に影響を及ぼすことになります。

Chainerでは、Batch Normalizationは「`L.BatchNormalization`」という名前のクラスで実装されているので、この章でもこのクラスを使用します。

◆畳み込み層の作成

まず、プログラム中で使用するいくつかのパラメーターを、変数として用意しておきます。用意するパラメーターは、前章でも使用したバッチサイズと使用するGPUの番号の他に、生成する画像のサイズと、ニューラルネットワークの中間層のサイズとなります。

この章で作成するプログラムは、ChainerのサンプルコードにあるDCGANの実装を参考にしたものですが、Chainerのサンプルコードと比べて画像の解像度を32×32ピクセルから128×128ピクセル（画素数で16倍）へと増やす一方、中間層のサイズは1024から64（16分の1）へと減らしています。

これは、この章では使用する教師データ数が少ないので、ニューラルネットワークの内部の表現力を減らして、代わりにより高解像度の出力を行えるようにしたものとなります。

■ SECTION-011 ■ DCGANの学習

```
SOURCE CODE    chapt04-1.pyのコード
```

```
batch_size = 10      # バッチサイズ10
uses_device = 0      # GPU#0を使用
image_size = 128     # 生成画像のサイズ
neuron_size = 64     # 中間層のサイズ
```

　パラメーターの定義を終えたら、前章と同様にクラスを作成してニューラルネットワークを定義していきます。

　まずは次のように「DCGAN_Discriminator_NN」という名前のクラスを作成し、その内部で使用するすべての層を作成していきます。

```
SOURCE CODE    chapt04-1.pyのコード
```

```
# 画像を確認するNN
class DCGAN_Discriminator_NN(chainer.Chain):

    def __init__(self):
        # 重みデータの初期値を指定する
        w = chainer.initializers.Normal(scale=0.02, dtype=None)
        super(DCGAN_Discriminator_NN, self).__init__()
        # すべての層を定義する
        with self.init_scope():
            self.c0_0 = L.Convolution2D(3, neuron_size // 8, 3, 1, 1, initialW=w)
            self.c0_1 = L.Convolution2D(neuron_size // 8, neuron_size // 4, 4, 2, 1, initialW=w)
            self.c1_0 = L.Convolution2D(neuron_size // 4, neuron_size // 4, 3, 1, 1, initialW=w)
            self.c1_1 = L.Convolution2D(neuron_size // 4, neuron_size // 2, 4, 2, 1, initialW=w)
            self.c2_0 = L.Convolution2D(neuron_size // 2, neuron_size // 2, 3, 1, 1, initialW=w)
            self.c2_1 = L.Convolution2D(neuron_size // 2, neuron_size, 4, 2, 1, initialW=w)
            self.c3_0 = L.Convolution2D(neuron_size, neuron_size, 3, 1, 1, initialW=w)
            self.l4 = L.Linear(neuron_size * image_size * image_size // 8 // 8, 1, initialW=w)
            self.bn0_1 = L.BatchNormalization(neuron_size // 4, use_gamma=False)
            self.bn1_0 = L.BatchNormalization(neuron_size // 4, use_gamma=False)
            self.bn1_1 = L.BatchNormalization(neuron_size // 2, use_gamma=False)
            self.bn2_0 = L.BatchNormalization(neuron_size // 2, use_gamma=False)
            self.bn2_1 = L.BatchNormalization(neuron_size, use_gamma=False)
            self.bn3_0 = L.BatchNormalization(neuron_size, use_gamma=False)
```

　鑑定家側となるD-Networkは畳み込みニューラルネットワークとして作成するので、CHAPTER 02と同じく「L.Convolution2D」を使用し、中間層のサイズとして定義しておいた数の出力チャンネル数を指定します。

　また、重みデータの初期値として小さめの値を指定しています。さらに、中間の層に対してBatch Normalizationを使用するために、「L.BatchNormalization」クラスの定義も行っています。

■ SECTION-011 ■ DCGANの学習

◆層間の接続を作成

次に、それぞれの層を結合してニューラルネットワークの計算を行う関数を作成します。それには、各層の出力を活性化関数を通じてつなげるだけですが、ここでは活性化関数としてLeaky ReLUを使用し、各中間層にBatch Normalizationを適応しています。

その他にも、Chainerのサンプルコードではニューラルネットワーク内部のデータに対してノイズを加えていた箇所を、**Dropout**を使用するように変更しています。

```
SOURCE CODE    chapt04-1.pyのコード

def __call__(self, x):
  h = F.leaky_relu(self.c0_0(x))
  h = F.dropout(F.leaky_relu(self.bn0_1(self.c0_1(h))),ratio=0.2)
  h = F.dropout(F.leaky_relu(self.bn1_0(self.c1_0(h))),ratio=0.2)
  h = F.dropout(F.leaky_relu(self.bn1_1(self.c1_1(h))),ratio=0.2)
  h = F.dropout(F.leaky_relu(self.bn2_0(self.c2_0(h))),ratio=0.2)
  h = F.dropout(F.leaky_relu(self.bn2_1(self.c2_1(h))),ratio=0.2)
  h = F.dropout(F.leaky_relu(self.bn3_0(self.c3_0(h))),ratio=0.2)
  return self.l4(h)    # 結果を返すのみ
```

また、関数の最後ではニューラルネットワークの実行結果を返すようにします。

この章では前章までとは異なり、損失関数を別に作成するので、ニューラルネットワークを定義するクラスの中で損失関数を呼び出すことはしません。代わりに、後で作成するカスタムUpdaterの中で、ニューラルネットワークの実行結果を用意した損失関数へと入力します。

▶贋作者側ニューラルネットワークの作成

次に、贋作者側のニューラルネットワークであるG-Networkを作成します。

◆Deconvolution層を作成

G-Networkの定義もこれまでと同様、クラスとして作成します。次のように「**DCGAN_Generator_NN**」という名前のクラスを作成し、その中にDeconvolution層とBatchNormalizationを作成します。

G-Networkの入力は一次元配列のベクトルデータですが、ここではベクトルの次元数として100を設定しています。学習後は、この次元数で表される空間にG-Networkの出力がマッピングされることになります。そのため、最終的には100次元のベクトルで生成する画像の特徴を演算することができるようになります。

```
SOURCE CODE    chapt04-1.pyのコード

# ベクトルから画像を生成するNN
class DCGAN_Generator_NN(chainer.Chain):

  def __init__(self):
    # 重みデータの初期値を指定する
    w = chainer.initializers.Normal(scale=0.02, dtype=None)
    super(DCGAN_Generator_NN, self).__init__()
```

CHAPTER 04

画像の自動生成

87

■ SECTION-011 ■ DCGANの学習

```
# すべての層を定義する
with self.init_scope():
    self.l0 = L.Linear(100, neuron_size * image_size * image_size // 8 // 8,
                initialW=w)
    self.dc1 = L.Deconvolution2D(neuron_size, neuron_size // 2, 4, 2, 1, initialW=w)
    self.dc2 = L.Deconvolution2D(neuron_size // 2, neuron_size // 4, 4, 2, 1, initialW=w)
    self.dc3 = L.Deconvolution2D(neuron_size // 4, neuron_size // 8, 4, 2, 1, initialW=w)
    self.dc4 = L.Deconvolution2D(neuron_size // 8, 3, 3, 1, 1, initialW=w)
    self.bn0 = L.BatchNormalization(neuron_size * image_size * image_size // 8 // 8)
    self.bn1 = L.BatchNormalization(neuron_size // 2)
    self.bn2 = L.BatchNormalization(neuron_size // 4)
    self.bn3 = L.BatchNormalization(neuron_size // 8)
```

　ここでも、重みデータの初期値として小さめの値を指定していますが、この重みデータの初期値の値もDCGAN実装のパラメーターセットの一部となります。

◆ 層間の接続を作成

　各層の定義を行ったら、次はそれぞれの層を結合して、贋作者側のG-Networkを作成します。贋作者側のG-Networkでは入力されるデータは一次元のベクトルデータ(実際の変数はバッチ処理分も入れた二次元データ)なので、まずはそのデータを全結合層で必要なサイズへと変換した後、画像と同じ三次元データ(実際の変数はバッチ処理分も入れた四次元データ)へと変換します。

　各層を接続する活性化関数としてはReLUを用いますが、結果の出力に対してのみはSigmoid関数を使用します。これは、出力されるベクトル中の値の範囲を「0」から「1」までにする意味を持ちます。

SOURCE CODE ‖ chapt04-1.pyのコード

```
def __call__(self, z):
    shape = (len(z), neuron_size, image_size // 8, image_size // 8)
    h = F.reshape(F.relu(self.bn0(self.l0(z))), shape)
    h = F.relu(self.bn1(self.dc1(h)))
    h = F.relu(self.bn2(self.dc2(h)))
    h = F.relu(self.bn3(self.dc3(h)))
    x = F.sigmoid(self.dc4(h))
    return x  # 結果を返すのみ
```

　先ほど作成した鑑定家側となるD-Networkとは、内部に含まれている層の数が異なっている点に注目してください。このように、G-NetworkとD-Networkとは必ずしも完全に対称形をしている必要はないのですが、学習が平行して進むように、同じ程度の速度で学習が進展するように設定する必要があります。

　使用する層の種類(畳み込み層とDeconvolution層)や活性化関数、ノード数の違いなどによってニューラルネットワークの学習速度にも違いが発生するので、正しく動作するGANを設計するには、ある程度のトライアル&エラーが必要になります。

■ SECTION-011 ■ DCGANの学習

カスタムUpdaterの作成

ニューラルネットワークを定義するクラスが完成したら、前章と同様に機械学習のためのカスタムUpdaterを作成します。

まずは次のように「**DCGANUpdater**」という名前のクラスを作成します。

SOURCE CODE ‖ chapt04-1.pyのコード

```
# カスタムUpdaterのクラス
class DCGANUpdater(training.StandardUpdater):

    def __init__(self, train_iter, optimizer, device):
        super(DCGANUpdater, self).__init__(
            train_iter,
            optimizer,
            device=device
        )
```

◆ 損失関数の作成

この章では前章までとは異なり、カスタムUpdaterの内部に新しく損失関数となる関数を作成します。Chainerのバージョン3からは、新しくDCGAN用の損失関数が定義されたので、一から損失関数を作成する必要はないのですが、損失関数の動きを見るよい例でもあるので、ここで解説をします。

まずは、鑑定家側となるD-Networkを学習させるために使用する損失関数です。鑑定家側となるD-Networkでは、乱数からG-Networkによって生成された画像と、教師データとして渡された画像とで、正反対の認識結果を返さなければなりません。

認識結果は、贋作かどうかの2クラス分類ともいえるのですが、DCGANではある程度の幅を持ったベクトルデータを、D-Networkの出力として使用します。そして、D-Networkの出力は、ベクトル内の値が本物かどうかの可能性を表す(つまり、ベクトル内の値が大きければ大きいほど、本物と区別が付かないことを表す)ように定義します。

そこで、ここでは**Softplus関数**を使用しました。Softplus関数は、次のように定義された関数です。

●Softplus関数の定義

$$f(x) = \frac{1}{\beta}\log\left(1 + \exp(\beta x)\right)$$

デフォルト値の「β=1.0」を使用すると、出力値は次のようになります。

■ SECTION-011 ■ DCGANの学習

●Softplus関数

つまりSoftplus関数は、入力される値が小さいほど0に近づき、入力される値が大きくなれば、その値に比例する値を返す関数となります。そして、鑑定家側となるD-Networkの損失関数は、次のように定義します。

●D-Networkの損失関数の定義

$$loss^D(x,y) = \sum f(-x) + \sum f(y)$$

※f(x)はSoftplus関数

ここでxは教師データとなる画像からのニューラルネットワーク出力を、yは乱数からの生成結果となる画像からのニューラルネットワーク出力を表します。

教師データとなる画像からのニューラルネットワーク出力の値が大きいほど、また、乱数からの生成結果となる画像からのニューラルネットワーク出力の値が小さいほど、損失関数の出力は0に近づくことになります。

損失関数では、計算結果が0に近づく方向へとニューラルネットワークを学習させるので、この損失関数を使用してD-Networkを学習させると、教師データとなる画像からのニューラルネットワーク出力では大きな値を、また、乱数からの生成結果となる画像からのニューラルネットワーク出力では小さな値を出力するように、ネットワークが学習されていきます。

上記のD-Networkの損失関数を実際のコードで実装すると、次のようになります。

■ SECTION-011 ■ DCGANの学習

SOURCE CODE ‖ chapt04-1.pyのコード

```
# 画像認識側の損失関数
def loss_dis(self, dis, y_fake, y_real):
  batchsize = len(y_fake)
  L1 = F.sum(F.softplus(-y_real)) / batchsize
  L2 = F.sum(F.softplus(y_fake)) / batchsize
  loss = L1 + L2
  return loss
```

また、贋作者側となるG-Networkの損失関数は、次のように定義します。

◉G-Networkの損失関数の定義

$$loss^G(y) = \sum f(-y)$$

※f(x)はSoftplus関数

　この関数では逆に、乱数からの生成結果となる画像からのニューラルネットワーク出力の値が大きいほど、損失関数の出力は0に近づくことになります。この損失関数を使用してG-Networkを学習させると、D-Networkの出力を大きな値にするように、つまり教師データと見分けが付かない画像を生成するように、ネットワークが学習されていきます。

　上記のG-Networkの損失関数を実際のコードで実装すると、次のようになります。

SOURCE CODE ‖ chapt04-1.pyのコード

```
# 画像生成側の損失関数
def loss_gen(self, gen, y_fake):
  batchsize = len(y_fake)
  loss = F.sum(F.softplus(-y_fake)) / batchsize
  return loss
```

◆2つのニューラルネットワークを学習させる

　損失関数を作成したら、イテレーターからバッチ分の教師データを取得し、実際の学習を行います。教師データはD-NetworkとG-Networkで共通なので、イテレーターは前章と同様、「main」という名前のものを1つ取得して使用します。

　また、2つのニューラルネットワークを学習させるので、学習アルゴリズムを定義するOptimizerは2つ必要になります。前章ではUpdaterクラスから、「main」という名前のOptimizerを取得していましたが、ここでは「opt_gen」「opt_dis」という名前の2つのOptimizerを取得します。

　さらに取得したOptimizerから、設定されているニューラルネットワークのモデルを取得すれば、カスタムUpdaterの内部からニューラルネットワークを直接、扱うことができるようになります。

■ SECTION-011 ■ DCGANの学習

```
SOURCE CODE    chapt04-1.pyのコード

def update_core(self):
    # Iteratorからバッチ分のデータを取得
    batch = self.get_iterator('main').next()
    src = self.converter(batch, self.device)

    # Optimizerを取得
    optimizer_gen = self.get_optimizer('opt_gen')
    optimizer_dis = self.get_optimizer('opt_dis')
    # ニューラルネットワークのモデルを取得
    gen = optimizer_gen.target
    dis = optimizer_dis.target
```

　次に、実際にニューラルネットワークを実行して、計算グラフを作成します。それにはGAN
の手法に則って、まず乱数からなる入力データを作成し、G-Networkを実行します。
　次に、生成された画像と、教師データとなる画像の双方に対してD-Networkを実行し、認
識結果を取得します。

```
SOURCE CODE    chapt04-1.pyのコード

# 乱数データを用意
rnd = random.uniform(-1, 1, (src.shape[0], 100))
rnd = cp.array(rnd, dtype=cp.float32)

# 画像を生成して認識と教師データから認識
x_fake = gen(rnd)        # 乱数からの生成結果
y_fake = dis(x_fake)     # 乱数から生成したものの認識結果
y_real = dis(src)        # 教師データからの認識結果
```

　最後に、それぞれの結果を損失関数の引数にして、Optimizerのupdateを呼び出せば、
ニューラルネットワークの学習が行われます。ここではD-NetworkとG-Networkの両方を学
習させるので、updateも2つのOptimizer両方に対して呼び出します。

```
SOURCE CODE    chapt04-1.pyのコード

# ニューラルネットワークを学習
optimizer_dis.update(self.loss_dis, dis, y_fake, y_real)
optimizer_gen.update(self.loss_gen, gen, y_fake)
```

■ SECTION-011 ■ DCGANの学習

学習アルゴリズムの作成

カスタムUpdaterが完成したら、後はこれまでの章と同じように、データの用意をして機械学習を開始するだけです。

◆ データの用意

まずはニューラルネットワークのモデルを用意しますが、GANでは2つのニューラルネットワークを使用するので、「DCGAN_Generator_NN」と「DCGAN_Discriminator_NN」の両方のクラスを作成します。

SOURCE CODE │ chapt04-1.pyのコード

```python
# ニューラルネットワークを作成
model_gen = DCGAN_Generator_NN()
model_dis = DCGAN_Discriminator_NN()

if uses_device >= 0:
    # GPUを使う
    chainer.cuda.get_device_from_id(0).use()
    chainer.cuda.check_cuda_available()
    # GPU用データ形式に変換
    model_gen.to_gpu()
    model_dis.to_gpu()
```

そして教師データとなる画像を読み込みますが、ここでは読み込んだ画像を128×128ピクセルのサイズへとリサイズし、さらに画素データの値を0から1の領域になるよう割り算して、配列へと追加していきます。

SOURCE CODE │ chapt04-1.pyのコード

```python
images = []

fs = os.listdir('train')
for fn in fs:
    # 画像を読み込んで128×128ピクセルにリサイズ
    img = Image.open('train/' + fn).convert('RGB').resize((128, 128))
    # 画素データを0～1の領域にする
    hpix = np.array(img, dtype=np.float32) / 255.0
    hpix = hpix.transpose(2,0,1)
    # 配列に追加
    images.append(hpix)
```

作成された配列は、前章までと同様に「SerialIterator」を使用してイテレーターにしておきます。

SOURCE CODE │ chapt04-1.pyのコード

```python
# 繰り返し条件を作成する
train_iter = iterators.SerialIterator(images, batch_size, shuffle=True)
```

CHAPTER 04
画像の自動生成

■ SECTION-011 ■ DCGANの学習

◆ 学習パラメーターの設定

次に学習アルゴリズムを選択しますが、DCGANの学習では2つのニューラルネットワークを学習させるので、ここでも2つ、Optimizerを作成します。学習アルゴリズムとしてはAdamを選択し、さらに学習パラメーターを設定しています。

このアルゴリズム選択とパラメーターの選択も、DCGANの学習では重要な要素となりますが、ここではChainerのサンプルコードにあるDCGANの例をそのまま利用しました。

SOURCE CODE || chapt04-1.pyのコード

```
# 誤差逆伝播法アルゴリズムを選択する
optimizer_gen = optimizers.Adam(alpha=0.0002, beta1=0.5)
optimizer_gen.setup(model_gen)
optimizer_dis = optimizers.Adam(alpha=0.0002, beta1=0.5)
optimizer_dis.setup(model_dis)
```

そして、それぞれのOptimizerは次のように「**opt_gen**」「**opt_dis**」という名前を付けて、カスタムUpdaterへと設定します。特に名前を付けずに設定しているイテレーターは、「**main**」という名前で取得できるようになります。

SOURCE CODE || chapt04-1.pyのコード

```
# デバイスを選択してTrainerを作成する
updater = DCGANUpdater(train_iter, \
    {'opt_gen':optimizer_gen, 'opt_dis':optimizer_dis}, \
    device=uses_device)
```

◆ 機械学習の実行

最後に、前章と同じように途中経過を保存するようにして、機械学習を開始します。

保存するニューラルネットワークのモデルが2つあるので、両方とも保存するようにします。ここで片方のニューラルネットワークしか保存していないと、学習が途中で止まってしまった際に、途中経過を読み込んで学習をやり直すことができません。

SOURCE CODE || chapt04-1.pyのコード

```
trainer = training.Trainer(updater, (10000, 'epoch'), out="result")
# 学習の進展を表示するようにする
trainer.extend(extensions.ProgressBar())

# 中間結果を保存する
n_save = 0
@chainer.training.make_extension(trigger=(1000, 'epoch'))
def save_model(trainer):
    # NNのデータを保存
    global n_save
    n_save = n_save+1
    chainer.serializers.save_hdf5( 'chapt04-gen-'+str(n_save)+'.hdf5', model_gen )
    chainer.serializers.save_hdf5( 'chapt04-dis-'+str(n_save)+'.hdf5', model_dis )
trainer.extend(save_model)
```

94

■ SECTION-011 ■ DCGANの学習

```
# 機械学習を実行する
trainer.run()

# 学習結果を保存する
chainer.serializers.save_hdf5( 'chapt04.hdf5', model_gen )
```

◆ 最終的なコード

以上の内容をつなげると、DCGANの学習を行うプログラムの最終的なコードは次のように
なります。

SOURCE CODE || chapt04-1.pyのコード

```
import chainer
import chainer.functions as F
import chainer.links as L
from chainer import training, datasets, iterators, optimizers
from chainer.training import extensions
import numpy as np
import os
import math
from numpy import random
from PIL import Image


batch_size = 10       # バッチサイズ10
uses_device = 0       # GPU#0を使用
image_size = 128      # 生成画像のサイズ
neuron_size = 64      # 中間層のサイズ

# GPU使用時とCPU使用時でデータ形式が変わる
if uses_device >= 0:
  import cupy as cp
  import chainer.cuda
else:
  cp = np

# ベクトルから画像を生成するNN
class DCGAN_Generator_NN(chainer.Chain):

  def __init__(self):
    # 重みデータの初期値を指定する
    w = chainer.initializers.Normal(scale=0.02, dtype=None)
    super(DCGAN_Generator_NN, self).__init__()
    # すべての層を定義する
    with self.init_scope():
      self.l0 = L.Linear(100, neuron_size * image_size * image_size // 8 // 8,
              initialW=w)
```

CHAPTER 04

画像の自動生成

95

■ SECTION-011 ■ DCGANの学習

```python
        self.dc1 = L.Deconvolution2D(neuron_size, neuron_size // 2, 4, 2, 1, initialW=w)
        self.dc2 = L.Deconvolution2D(neuron_size // 2, neuron_size // 4, 4, 2, 1, initialW=w)
        self.dc3 = L.Deconvolution2D(neuron_size // 4, neuron_size // 8, 4, 2, 1, initialW=w)
        self.dc4 = L.Deconvolution2D(neuron_size // 8, 3, 3, 1, 1, initialW=w)
        self.bn0 = L.BatchNormalization(neuron_size * image_size * image_size // 8 // 8)
        self.bn1 = L.BatchNormalization(neuron_size // 2)
        self.bn2 = L.BatchNormalization(neuron_size // 4)
        self.bn3 = L.BatchNormalization(neuron_size // 8)

    def __call__(self, z):
        shape = (len(z), neuron_size, image_size // 8, image_size // 8)
        h = F.reshape(F.relu(self.bn0(self.l0(z))), shape)
        h = F.relu(self.bn1(self.dc1(h)))
        h = F.relu(self.bn2(self.dc2(h)))
        h = F.relu(self.bn3(self.dc3(h)))
        x = F.sigmoid(self.dc4(h))
        return x  # 結果を返すのみ

# 画像を確認するNN
class DCGAN_Discriminator_NN(chainer.Chain):

    def __init__(self):
        # 重みデータの初期値を指定する
        w = chainer.initializers.Normal(scale=0.02, dtype=None)
        super(DCGAN_Discriminator_NN, self).__init__()
        # すべての層を定義する
        with self.init_scope():
            self.c0_0 = L.Convolution2D(3, neuron_size // 8, 3, 1, 1, initialW=w)
            self.c0_1 = L.Convolution2D(neuron_size // 8, neuron_size // 4, 4, 2, 1, initialW=w)
            self.c1_0 = L.Convolution2D(neuron_size // 4, neuron_size // 4, 3, 1, 1, initialW=w)
            self.c1_1 = L.Convolution2D(neuron_size // 4, neuron_size // 2, 4, 2, 1, initialW=w)
            self.c2_0 = L.Convolution2D(neuron_size // 2, neuron_size // 2, 3, 1, 1, initialW=w)
            self.c2_1 = L.Convolution2D(neuron_size // 2, neuron_size, 4, 2, 1, initialW=w)
            self.c3_0 = L.Convolution2D(neuron_size, neuron_size, 3, 1, 1, initialW=w)
            self.l4 = L.Linear(neuron_size * image_size * image_size // 8 // 8, 1, initialW=w)
            self.bn0_1 = L.BatchNormalization(neuron_size // 4, use_gamma=False)
            self.bn1_0 = L.BatchNormalization(neuron_size // 4, use_gamma=False)
            self.bn1_1 = L.BatchNormalization(neuron_size // 2, use_gamma=False)
            self.bn2_0 = L.BatchNormalization(neuron_size // 2, use_gamma=False)
            self.bn2_1 = L.BatchNormalization(neuron_size, use_gamma=False)
            self.bn3_0 = L.BatchNormalization(neuron_size, use_gamma=False)

    def __call__(self, x):
        h = F.leaky_relu(self.c0_0(x))
        h = F.dropout(F.leaky_relu(self.bn0_1(self.c0_1(h))),ratio=0.2)
        h = F.dropout(F.leaky_relu(self.bn1_0(self.c1_0(h))),ratio=0.2)
        h = F.dropout(F.leaky_relu(self.bn1_1(self.c1_1(h))),ratio=0.2)
```

■ SECTION-011 ■ DCGANの学習

```python
    h = F.dropout(F.leaky_relu(self.bn2_0(self.c2_0(h))),ratio=0.2)
    h = F.dropout(F.leaky_relu(self.bn2_1(self.c2_1(h))),ratio=0.2)
    h = F.dropout(F.leaky_relu(self.bn3_0(self.c3_0(h))),ratio=0.2)
    return self.l4(h)   # 結果を返すのみ


# カスタムUpdaterのクラス
class DCGANUpdater(training.StandardUpdater):

    def __init__(self, train_iter, optimizer, device):
        super(DCGANUpdater, self).__init__(
            train_iter,
            optimizer,
            device=device
        )


    # 画像認識側の損失関数
    def loss_dis(self, dis, y_fake, y_real):
        batchsize = len(y_fake)
        L1 = F.sum(F.softplus(-y_real)) / batchsize
        L2 = F.sum(F.softplus(y_fake)) / batchsize
        loss = L1 + L2
        return loss


    # 画像生成側の損失関数
    def loss_gen(self, gen, y_fake):
        batchsize = len(y_fake)
        loss = F.sum(F.softplus(-y_fake)) / batchsize
        return loss


    def update_core(self):
        # Iteratorからバッチ分のデータを取得
        batch = self.get_iterator('main').next()
        src = self.converter(batch, self.device)

        # Optimizerを取得
        optimizer_gen = self.get_optimizer('opt_gen')
        optimizer_dis = self.get_optimizer('opt_dis')
        # ニューラルネットワークのモデルを取得
        gen = optimizer_gen.target
        dis = optimizer_dis.target

        # 乱数データを用意
        rnd = random.uniform(-1, 1, (src.shape[0], 100))
        rnd = cp.array(rnd, dtype=cp.float32)

        # 画像を生成して認識と教師データから認識
        x_fake = gen(rnd)        # 乱数からの生成結果
```

■ SECTION-011 ■ DCGANの学習

```
        y_fake = dis(x_fake)      # 乱数から生成したものの認識結果
        y_real = dis(src)         # 教師データからの認識結果

        # ニューラルネットワークを学習
        optimizer_dis.update(self.loss_dis, dis, y_fake, y_real)
        optimizer_gen.update(self.loss_gen, gen, y_fake)


# ニューラルネットワークを作成
model_gen = DCGAN_Generator_NN()
model_dis = DCGAN_Discriminator_NN()

if uses_device >= 0:
    # GPUを使う
    chainer.cuda.get_device_from_id(0).use()
    chainer.cuda.check_cuda_available()
    # GPU用データ形式に変換
    model_gen.to_gpu()
    model_dis.to_gpu()

images = []

fs = os.listdir('train')
for fn in fs:
    # 画像を読み込んで128×128ピクセルにリサイズ
    img = Image.open('train/' + fn).convert('RGB').resize((128, 128))
    # 画素データを0〜1の領域にする
    hpix = np.array(img, dtype=np.float32) / 255.0
    hpix = hpix.transpose(2,0,1)
    # 配列に追加
    images.append(hpix)

# 繰り返し条件を作成する
train_iter = iterators.SerialIterator(images, batch_size, shuffle=True)

# 誤差逆伝播法アルゴリズムを選択する
optimizer_gen = optimizers.Adam(alpha=0.0002, beta1=0.5)
optimizer_gen.setup(model_gen)
optimizer_dis = optimizers.Adam(alpha=0.0002, beta1=0.5)
optimizer_dis.setup(model_dis)

# デバイスを選択してTrainerを作成する
updater = DCGANUpdater(train_iter, \
    {'opt_gen':optimizer_gen, 'opt_dis':optimizer_dis}, \
    device=uses_device)
trainer = training.Trainer(updater, (10000, 'epoch'), out="result")
# 学習の進展を表示するようにする
```

■ SECTION-011 ■ DCGANの学習

```
trainer.extend(extensions.ProgressBar())
```

```python
# 中間結果を保存する
n_save = 0
@chainer.training.make_extension(trigger=(1000, 'epoch'))
def save_model(trainer):
    # NNのデータを保存
    global n_save
    n_save = n_save+1
    chainer.serializers.save_hdf5( 'chapt04-gen-'+str(n_save)+'.hdf5', model_gen )
    chainer.serializers.save_hdf5( 'chapt04-dis-'+str(n_save)+'.hdf5', model_dis )
trainer.extend(save_model)
```

```python
# 機械学習を実行する
trainer.run()
```

```python
# 学習結果を保存する
chainer.serializers.save_hdf5( 'chapt04.hdf5', model_gen )
```

上記のコードを保存して実行すると、次のように表示され、学習が進みます。

```
$ python3 chapt04-1.py
     total [................................................]   0.13%
this epoch [#####################################......]  87.55%
       300 iter, 12 epoch / 10000 epochs
    10.49 iters/sec. Estimated time to finish: 6:09:44.062432.
```

　ここでは10000エポック分の学習を行うようにしていますが、実際には教師データの数が少ないため、3000エポック分も学習させれば、ある程度、それらしい結果が出るようです。

SECTION-012

DCGANの実行

▶ DCGANの実行

ニューラルネットワークの学習が終わったら、保存したネットワークモデルを読み込んで実際に画像を生成してみます。

◆ ネットワークモデルを読み込む

画像の生成で使用するのは贋作者側のG-Networkだけなので、「`DCGAN_Generator_NN`」クラスを作成してファイルからネットワークモデルを読み込みます。

SOURCE CODE | chapt04-2.pyのコード

```python
# ニューラルネットワークを作成
model = DCGAN_Generator_NN()

if uses_device >= 0:
  # GPUを使う
  chainer.cuda.get_device_from_id(0).use()
  chainer.cuda.check_cuda_available()
  # GPU用データ形式に変換
  model.to_gpu()

# 学習結果を読み込む
chainer.serializers.load_hdf5( 'chapt04.hdf5', model )
```

◆ 複数枚まとめて画像を生成する

次に、乱数データを入力値として、G-Networkの出力を作成していきます。

G-Networkの入力としては、100次元のベクトルデータを必要とするので、生成する乱数データは、生成する画像の数×100個が必要になります。都合のいいことにChainerはバッチ処理を前提に作成されていますから、バッチサイズ×100個の乱数値を配列として入力し、一度の実行で必要な枚数の画像をすべて生成してしまいます。

SOURCE CODE | chapt04-2.pyのコード

```python
# 画像を生成する
num_generate = 100  # 生成する画像の数
# もととなるベクトルを作成
rnd = random.uniform(-1, 1, (num_generate, 100, 1, 1))
rnd = cp.array(rnd, dtype=cp.float32)
```

この章のニューラルネットワークではBatch Normalizationを使用しているので、Batch Normalizationの処理を無効にしてからニューラルネットワークの処理を呼び出す必要があります。それには、「`with chainer.using_config`」で「`train`」という値を「`False`」に設定したブロックを作成し、その中でニューラルネットワークの処理を呼び出します。

実際にG-Networkの処理を呼び出し、画像を生成するコードは次のようになります。

SOURCE CODE | chapt04-2.pyのコード

```python
# バッチ処理を使って一度に生成する
with chainer.using_config('train', False):
    result = model(rnd)
```

◆画像と元となったベクトルを保存する

　上記のコードが実行されると、必要な枚数の画像が生成されているので、後はその画像をファイルとして保存します。また、後で使用するために、その画像を生成した入力値、つまり画像のもととなった乱数データのベクトルも、「vectors.txt」という名前のファイルに保存しておきます。

SOURCE CODE | chapt04-2.pyのコード

```python
# 生成した画像と、もととなったベクトルを保存する
f = codecs.open('vectors.txt', 'w', 'utf8')
for i in range(num_generate):
    # 画像を保存する
    data = np.zeros((128, 128, 3), dtype=np.uint8)
    dst = result.data[i] * 255.0
    if uses_device >= 0:
        dst = chainer.cuda.to_cpu(dst)
    data[:,:,0] = dst[0]
    data[:,:,1] = dst[1]
    data[:,:,2] = dst[2]
    himg = Image.fromarray(data, 'RGB')
    himg.save('gen-'+str(i)+'.png')
    # 画像のもととなったベクトルを保存する
    f.write(','.join([str(j) for j in rnd[i][:,0][:,0]]))
    f.write('\n')
f.close()
```

●乱数からの生成結果

　以上の内容をすべてまとめると、乱数データから画像を生成するコードは次のようになります。

SOURCE CODE | chapt04-2.pyのコード

```python
import chainer
import chainer.functions as F
import chainer.links as L
from chainer import training, datasets, iterators, optimizers
from chainer.training import extensions
import numpy as np
import os
import math
from numpy import random
from PIL import Image
import codecs
```

■ SECTION-012 ■ DCGANの実行

```python
uses_device = 0      # GPU#0を使用
image_size = 128     # 生成画像のサイズ
neuron_size = 64     # 中間層のサイズ

# GPU使用時とCPU使用時でデータ形式が変わる
if uses_device >= 0:
  import cupy as cp
  import chainer.cuda
else:
  cp = np

# ベクトルから画像を生成するNN
class DCGAN_Generator_NN(chainer.Chain):

  def __init__(self):
    # 重みデータの初期値を指定する
    w = chainer.initializers.Normal(scale=0.02, dtype=None)
    super(DCGAN_Generator_NN, self).__init__()
    # すべての層を定義する
    with self.init_scope():
      self.l0 = L.Linear(100, neuron_size * image_size * image_size // 8 // 8,
                initialW=w)
      self.dc1 = L.Deconvolution2D(neuron_size, neuron_size // 2, 4, 2, 1, initialW=w)
      self.dc2 = L.Deconvolution2D(neuron_size // 2, neuron_size // 4, 4, 2, 1, initialW=w)
      self.dc3 = L.Deconvolution2D(neuron_size // 4, neuron_size // 8, 4, 2, 1, initialW=w)
      self.dc4 = L.Deconvolution2D(neuron_size // 8, 3, 3, 1, 1, initialW=w)
      self.bn0 = L.BatchNormalization(neuron_size * image_size * image_size // 8 // 8)
      self.bn1 = L.BatchNormalization(neuron_size // 2)
      self.bn2 = L.BatchNormalization(neuron_size // 4)
      self.bn3 = L.BatchNormalization(neuron_size // 8)

  def __call__(self, z):
    shape = (len(z), neuron_size, image_size // 8, image_size // 8)
    h = F.reshape(F.relu(self.bn0(self.l0(z))), shape)
    h = F.relu(self.bn1(self.dc1(h)))
    h = F.relu(self.bn2(self.dc2(h)))
    h = F.relu(self.bn3(self.dc3(h)))
    x = F.sigmoid(self.dc4(h))
    return x  # 結果を返すのみ

# ニューラルネットワークを作成
model = DCGAN_Generator_NN()

if uses_device >= 0:
  # GPUを使う
  chainer.cuda.get_device_from_id(0).use()
```

■ SECTION-012 ■ DCGANの実行

```
chainer.cuda.check_cuda_available()
```

```
# GPU用データ形式に変換
model.to_gpu()
```

```
# 学習結果を読み込む
chainer.serializers.load_hdf5( 'chapt04.hdf5', model )
```

```
# 画像を生成する
num_generate = 100   # 生成する画像の数
# もととなるベクトルを作成
rnd = random.uniform(-1, 1, (num_generate, 100, 1, 1))
rnd = cp.array(rnd, dtype=cp.float32)
```

```
# バッチ処理を使って一度に生成する
with chainer.using_config('train', False):
    result = model(rnd)
```

```
# 生成した画像と、もととなったベクトルを保存する
f = codecs.open('vectors.txt', 'w', 'utf8')
for i in range(num_generate):
    # 画像を保存する
    data = np.zeros((128, 128, 3), dtype=np.uint8)
    dst = result.data[i] * 255.0
    if uses_device >= 0:
        dst = chainer.cuda.to_cpu(dst)
    data[:,:,0] = dst[0]
    data[:,:,1] = dst[1]
    data[:,:,2] = dst[2]
    himg = Image.fromarray(data, 'RGB')
    himg.save('gen-'+str(i)+'.png')
    # 画像のもととなったベクトルを保存する
    f.write(','.join([str(j) for j in rnd[i][:,0][:,0]]))
    f.write('\n')
f.close()
```

◆ 生成した画像

　上記のコードを実行すると、「gen-0.png」から「gen-99.png」まで合計100枚の画像と「vector.txt」ファイルが生成されます。ここでは乱数データをもとに画像を生成しているので、顔となる画像がうまく生成される場合と、うまく生成できない場合が存在します。

　次ページに、うまく生成できている例の画像と、うまく生成できていない例の画像を掲載します。また、CHAPTER 03の超解像ニューラルネットワークを使用して、うまく生成できている例の解像度を増やしたものも、ついでとして掲載します。

03

CHAPTER 04

画像の自動生成

103

■ SECTION-012 ■ DCGANの実行

●うまく生成できている例

●うまく生成できている例（超解像を実行）

SECTION-012 DCGANの実行

●うまく生成できていない例

SECTION-013
任意の特徴を持つ画像の生成

▶ DCGANの入力と出力の関係

　乱数データをもとに画像を生成するだけでは、画像がうまく生成される場合もある一方で、うまく生成されない場合もありました。

　ここでは、乱数データをもとに生成された画像をさらに利用して、任意の特徴を持つ画像を生成する方法について解説します。

◆ 画像同士の演算を行う

　DCGANでは学習時に、100次元のベクトル空間において一様に分布する乱数を元にG-Networkを学習させました。ということは、うまく生成された画像もされなかった画像も、すべて元の入力ベクトルの空間内に、一様に分布するようにマッピングされているはずです。

　これは、G-Networkの入力データとなる100次元のベクトル空間において、「画像がうまく生成される」ベクトルの場所と、「画像がうまく生成されない」ベクトルの場所が存在していることを意味しています。

　つまり、「画像がうまく生成された」ベクトルの間には、共通の「画像がうまく生成される」ベクトル成分が存在しているはずで、その上であればどのベクトルを取り出しても、やはり「画像がうまく生成される」ようになるということです。

●生成した画像をもとにベクトルを取得する

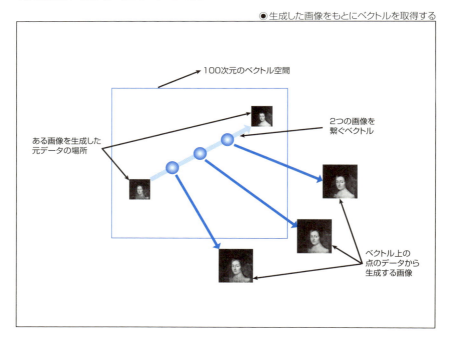

■ SECTION-013 ■ 任意の特徴を持つ画像の生成

また、さらに進んで、たとえば「長髪の画像」を生成するベクトルには、共通して「長髪ベクトル成分」が含まれている、などということもできます。

そこで、特徴のある画像をその特徴に従ってタグ付けして、その画像を生成するベクトル同士を演算すれば、画像の特徴同士を演算してその結果を基に任意の画像を生成できるようになります。

◆ ベクトルの割合を演算

先ほどの乱数データから生成した画像の中から、いくつか特徴のある画像を取り出し、それらの画像のもととなったベクトルデータを演算することができるプログラムを作成します。

そのために、まずは先ほどの乱数データからの画像生成で保存しておいた、すべての画像のベクトルデータを読み込みます。

```
SOURCE CODE  chapt04-3.pyのコード
# ベクトルの元データを取得
org_vector = []
f = codecs.open('vectors.txt', 'r', 'utf8')
line = f.readline()
while line:
  v = cp.array(line.split(','), dtype=cp.float32)
  org_vector.append(v)
  line = f.readline()
f.close()
```

次に、その中から任意の画像のもととなったベクトルを取り出し、重み付けをしながら加算していくコードを作成します。選択するベクトルとその重み付けは、プログラムのコマンドラインの引数から、「N:M」(Nは画像のインデックス、Mは重み)と指定できるようにします。

```
SOURCE CODE  chapt04-3.pyのコード
# ターゲットのベクトルを作成
tgt_vector = cp.zeros((1,100), dtype=cp.float32)
for i in range(1, len(sys.argv)):
  s = str(sys.argv[i])   # sは0:0.5の形式
  l = s.split(':')
  idx = int(l[0])
  dlt = float(l[1])
  tgt_vector[0] += org_vector[idx] * dlt
```

◆ 特徴を演算した画像を生成

こうしてベクトルデータの演算を行えるようにすれば、後はそのベクトルデータを使用して画像を生成するだけです。この画像生成部分のコードは、先ほどのプログラムと同じですが、今回は1枚の画像を出力するだけとなっています。

■ SECTION-013 ■ 任意の特徴を持つ画像の生成

SOURCE CODE | chapt04-3.pyのコード

```
# ターゲットのベクトルから画像を生成
with chainer.using_config('train', False):
    result = model(tgt_vector)
data = np.zeros((128, 128, 3), dtype=np.uint8)
dst = result.data[0] * 255.0
if uses_device >= 0:
    dst = chainer.cuda.to_cpu(dst)
data[:,:,0] = dst[0]
data[:,:,1] = dst[1]
data[:,:,2] = dst[2]
himg = Image.fromarray(data, 'RGB')
himg.save('result.png')
```

◆ 最終的なコード

　以上の内容をまとめると、画像同士の演算をもとに画像生成を行うプログラムのコードは、次のようになります。

SOURCE CODE | chapt04-3.pyのコード

```
import chainer
import chainer.functions as F
import chainer.links as L
from chainer import training, datasets, iterators, optimizers
from chainer.training import extensions
import numpy as np
import os
import math
from numpy import random
from PIL import Image
import sys
import codecs

uses_device = 0         # GPU#0を使用
image_size = 128        # 生成画像のサイズ
neuron_size = 64        # 中間層のサイズ

# GPU使用時とCPU使用時でデータ形式が変わる
if uses_device >= 0:
    import cupy as cp
    import chainer.cuda
else:
    cp = np

# ベクトルから画像を生成するNN
class DCGAN_Generator_NN(chainer.Chain):
```

■ SECTION-013 ■ 任意の特徴を持つ画像の生成

```python
    def __init__(self):
        # 重みデータの初期値を指定する
        w = chainer.initializers.Normal(scale=0.02, dtype=None)
        super(DCGAN_Generator_NN, self).__init__()
        # すべての層を定義する
        with self.init_scope():
            self.l0 = L.Linear(100, neuron_size * image_size * image_size // 8 // 8,
                        initialW=w)
            self.dc1 = L.Deconvolution2D(neuron_size, neuron_size // 2, 4, 2, 1, initialW=w)
            self.dc2 = L.Deconvolution2D(neuron_size // 2, neuron_size // 4, 4, 2, 1, initialW=w)
            self.dc3 = L.Deconvolution2D(neuron_size // 4, neuron_size // 8, 4, 2, 1, initialW=w)
            self.dc4 = L.Deconvolution2D(neuron_size // 8, 3, 3, 1, 1, initialW=w)
            self.bn0 = L.BatchNormalization(neuron_size * image_size * image_size // 8 // 8)
            self.bn1 = L.BatchNormalization(neuron_size // 2)
            self.bn2 = L.BatchNormalization(neuron_size // 4)
            self.bn3 = L.BatchNormalization(neuron_size // 8)

    def __call__(self, z):
        shape = (len(z), neuron_size, image_size // 8, image_size // 8)
        h = F.reshape(F.relu(self.bn0(self.l0(z))), shape)
        h = F.relu(self.bn1(self.dc1(h)))
        h = F.relu(self.bn2(self.dc2(h)))
        h = F.relu(self.bn3(self.dc3(h)))
        x = F.sigmoid(self.dc4(h))
        return x   # 結果を返すのみ

# ニューラルネットワークを作成
model = DCGAN_Generator_NN()

if uses_device >= 0:
    # GPUを使う
    chainer.cuda.get_device_from_id(0).use()
    chainer.cuda.check_cuda_available()
    # GPU用データ形式に変換
    model.to_gpu()

# 学習結果を読み込む
chainer.serializers.load_hdf5( 'chapt04.hdf5', model )

# ベクトルの元データを取得
org_vector = []
f = codecs.open('vectors.txt', 'r', 'utf8')
line = f.readline()
while line:
    v = cp.array(line.split(','), dtype=cp.float32)
    org_vector.append(v)
    line = f.readline()
```

CHAPTER
04

画像の自動生成

■ SECTION-013 ■ 任意の特徴を持つ画像の生成

```
f.close()

# ターゲットのベクトルを作成
tgt_vector = cp.zeros((1,100), dtype=cp.float32)
for i in range(1, len(sys.argv)):
    s = str(sys.argv[i])   # sは0:0.5の形式
    l = s.split(':')
    idx = int(l[0])
    dlt = float(l[1])
    tgt_vector[0] += org_vector[idx] * dlt

# ターゲットのベクトルから画像を生成
with chainer.using_config('train', False):
    result = model(tgt_vector)
data = np.zeros((128, 128, 3), dtype=np.uint8)
dst = result.data[0] * 255.0
if uses_device >= 0:
    dst = chainer.cuda.to_cpu(dst)
data[:,:,0] = dst[0]
data[:,:,1] = dst[1]
data[:,:,2] = dst[2]
himg = Image.fromarray(data, 'RGB')
himg.save('result.png')
```

◆ 生成した画像

　上記のプログラムは、コマンドラインの引数から演算元となる画像と、その重みを指定して実行します。たとえば、乱数データからの生成結果のうち、「gen-10.png」と「gen-22.png」に特徴的な画像が出力されていたとすれば、次のように引数を指定することで、「gen-10.png」と「gen-22.png」の中間的な画像を、割合を変えながら出力することができます。

```
$ python3 chapt04-3.py 10:0.2 22:0.8    ←gen-10.pngが20%、gen-22.pngが80%で生成
$ python3 chapt04-3.py 10:0.4 22:0.6    ←gen-10.pngが40%、gen-22.pngが60%で生成
$ python3 chapt04-3.py 10:0.6 22:0.4    ←gen-10.pngが60%、gen-22.pngが40%で生成
$ python3 chapt04-3.py 10:0.8 22:0.2    ←gen-10.pngが80%、gen-22.pngが20%で生成
```

　すると次ページのような画像が出力されます。次ページの画像を見ると、指定した割合に従って、2つの画像の中間的な画像が生成されていることがわかります。

■ SECTION-013 ■ 任意の特徴を持つ画像の生成

◉生成画像A（gen-10.png）

◉A:20% + B:80%

◉A:40% + B:60%

◉A:60% + B:40%

◉A:80% + B:20%

◉生成画像B（gen-22.png）

■ SECTION-013 ■ 任意の特徴を持つ画像の生成

また、この演算はベクトルデータの演算として扱われるので、負の値を指定することも、複数枚の画像を指定することも可能です。たとえば、「gen-10.png + gen-66.png - gen-22.png」という演算を行うには、次のように引数を指定してプログラムを実行します。

```
$ python3 chapt04-3.py 10:1 22:-1 66:1     ←gen-10.png + gen-66.png - gen-22.pngの演算
```

すると次のような画像が出力されます。ここで指定した画像のうち、「gen-10.png」と「gen-66.png」は中年の女性を、「gen-22.png」はそれより若い女性を描いたもののように見えますが、「gen-10.png + gen-66.png - gen-22.png」という演算の結果は、もとの画像よりも高齢の女性を描いたもののように見えます（中年+中年-若い=高齢?）。

このように、画像内の特徴をベクトルとして演算可能な点が、DCGANによる画像生成の特徴となります。

●生成画像A(gen-10.png)　　●生成画像B(gen-22.png)　　●生成画像C(gen-66.png)

●演算 A+C-B
（A:100% + B:-100% + C:100%）

CHAPTER 05
画像のスタイル変換

SECTION-014

画像のスタイル変換

▶ A Neural Algorithm of Artistic Style

　前章では、画像を生成するニューラルネットワークを作成しましたが、そのような、コンテンツを生成するニューラルネットワークでは、生成するコンテンツの情報がすべてニューラルネットワーク内に埋め込まれていることになります。

　一方、機械学習の手法を用いて、教師データから直接、出力となるデータを生成していく手法も存在しています。

　この章では、そのような手法の一例として、**A Neural Algorithm of Artistic Style**という手法を用いて、画像のスタイル変換を行うプログラムを作成します。

◆ スタイル画像から画風を適用する

　A Neural Algorithm of Artistic Styleとは、レオン・A・ガティスらによって提案された手法（https://arxiv.org/abs/1508.06576）[5-1]で、元々の画像に対してスタイル画像として指定された画像の、画風などのスタイルを適応させる手法です。

　ChainerによるA Neural Algorithm of Artistic Styleの実装は、すでに**Chainer-GOGH**（https://github.com/mattya/chainer-gogh）として公開されているものがあります。

●Chainer-GOGH

　この章では、Chainer-GOGHの実装を参考にしながら、本書のプログラミングスタイルに合わせた形の実装を作成します。

◆ スタイルを変換する仕組み

　画像のスタイル変換がどのように動作するかを理解するには、まず、畳み込みニューラルネットワークによる画像認識の動作について、理解する必要があります。

　畳み込みニューラルネットワークによる画像認識そのものについては、CHAPTER 02で作成したニューラルネットワークの応用なのですが、現在、一般的に使われる画像認識用ニューラルネットワークでは、はるかに深い階層のニューラルネットワークを使用するようになっています。

◉ VGG16の構造

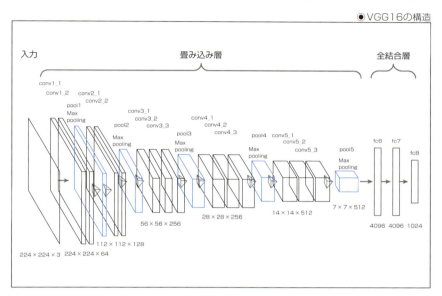

　上図は、**VGG16**として知られる画像認識用ニューラルネットワークの構造を表しています。VGG16では、合計16層の畳み込み層と全結合層が、プーリング層を挟んで結合されており、深い階層を構成しています（本書のこれまでの例と比較して、です。VGG16は画像認識用ニューラルネットワークとしては単純な形をしている方です）。

　そして、このようなニューラルネットワークに画像を入力したときの、中間の畳み込み層のデータを取り出すことを考えます。

■ SECTION-014 ■ 画像のスタイル変換

◉ VGG16の中間層からデータを取り出す

画像を入力

中間の層からデータを取り出す：
画像内の特徴量が行列として表される

最終層の出力：
1000クラス分類

後ろの層からデータを取り出すほど：
○ 画像の形状が失われていく
○ 画像の特徴が抽象化されていく

　画像認識では、その画像に写っているものを抽象化して分類することになります。そのため、画像認識を行うニューラルネットワークの中間の層からデータを取り出してみると、より深い（出力に近い）層からデータを取り出すにつれて、取り出した情報の内容が抽象化していくことが知られています。

　また、畳み込みニューラルネットワークは、画像内における位置情報を保存したままデータを扱えるニューラルネットワークです。そのため、畳み込みニューラルネットワークの中間の層には、画像内における位置情報、つまりその画像の形状なども保存されており、より深い層からデータを取り出すにつれて、大まかな形状のみが保存され、細かい形状は失われていきます。

　ここで、A Neural Algorithm of Artistic Styleでは、中間の層から取り出したデータ内の相関を求めることで、**スタイル行列**と呼ぶ行列を計算します。

◉ スタイル行列の計算

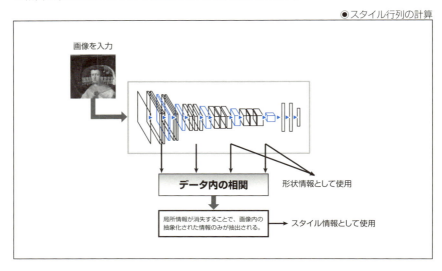

116

前述のように中間の層から取り出したデータには、抽象化した画像の情報と、画像内における形状などの情報とが両方含まれているのですが、このスタイル行列は、データ内の相関を取ることで、局所的に存在する情報、つまり形状などの位置情報を取り除き、画像の中に存在する抽象化された情報のみを、行列データとしたものとなります。

これにより、取り出す中間層の位置を調整すれば、『そのデータにどの程度、抽象化された情報と位置情報が含まれているのか』をコントロールすることができます。

さらに先ほどのスタイル行列を求めれば、取り出したデータから抽象化された情報と位置情報とを分離することもできるようになります。

そうすると、2枚の画像つまり元画像とスタイル画像から、それぞれ画像の形状を〝ほどほどに〟保存しているデータと、画像の抽象化されたデータを〝いい感じに〟保存しているデータを取り出せば、『画像の大まかな形状はもとの画像で、それ以外の情報はスタイル画像と同じ』な画像の情報を作成することができます。

そのような情報を作成すれば、後は機械学習で使われるアルゴリズムを使用して『その情報を生成する入力』になるように逆伝播を行い、もとの画像の大まかな形状をスタイル画像の画風で描写した画像が作成することができるのです。

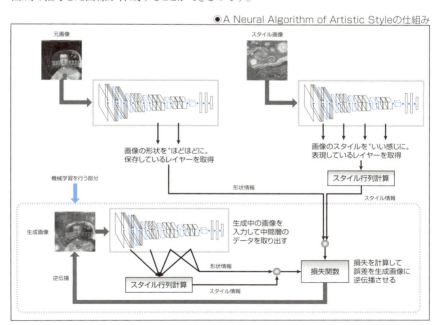

●A Neural Algorithm of Artistic Styleの仕組み

なお、ここで、画像の形状を〝ほどほどに〟保存しているデータや、画像の抽象化されたデータを〝いい感じに〟保存しているデータなど、恣意的な選択によるパラメーターが存在していることに注意してください。この選択は、プログラム上からは、畳み込みニューラルネットワークからどの中間層を選択するのかや、選択した中間層からのデータにどの程度の重み付けをするのか、というパラメーターとして表されることになります。

■ SECTION-014 ■ 画像のスタイル変換

そして、この部分はやはり人間が恣意的に選択を行い、トライアル&エラーを繰り返して「この層からデータを抽出すると〝いい感じに〟の結果になるようだ」というパラメーターを発見することで、期待する動作を行うA Neural Algorithm of Artistic Styleを作成しているようです。

● スタイル抽出を行うCNN

A Neural Algorithm of Artistic Styleでは、ニューラルネットワークに対する学習は行いませんが、学習済みの画像認識用畳み込みニューラルネットワークを使用します。認識結果を利用するわけではないので、画像認識のターゲットとなるデータセットは何でもよいのですが、Chainerでは一般的な物体を認識するように学習されたVGG16のモデルデータをそのまま利用できるので、この章ではChainerのVGG16レイヤーを使用してA Neural Algorithm of Artistic Styleを実装します。

◆ ChainerのVGG16レイヤー

ChainerのVGG16レイヤーは、「L.VGG16Layers」クラスで実装されています。VGG16の学習済みモデルデータは、「L.VGG16Layers」クラスを初めて実行するときに自動的にダウンロードされ、キャッシュとして保存されることになります。

そこでまずは、Pythonのコマンドから「L.VGG16Layers」クラスを作成してみます。

```
$ python3
>>> import chainer.links as L
>>> L.VGG16Layers()    # VGG16レイヤーを作成する
```

上記のようにPythonのコマンドから「L.VGG16Layers」クラスを作成すると、次のように表示されてVGG16の学習済みモデルデータのダウンロードが始まります。

```
Downloading from http://www.robots.ox.ac.uk/%7Evgg/software/very_deep/caffe/VGG_ILSVRC_16_
layers.caffemodel...
Now loading caffemodel (usually it may take few minutes)
```

モデルデータは500MB以上あるので、ダウンロードには少々時間がかかります（現在www.robots.ox.ac.ukのサーバーが遅く、1時間程度の時間がかかるようです）。一度、ダウンロードが完了すれば、以降はキャッシュからモデルデータを読み込むので、「L.VGG16Layers」クラスの利用に時間はかからなくなります。

◆ ファイルからデータを読み込む

インターネット回線やサーバーの状態により、モデルデータのダウンロードができない場合は、ファイルから学習済みモデルデータを読み込むようにして「L.VGG16Layers」クラスを作成することもできます。

念のためChainerで使用するnpz形式のデータに変換したファイルを用意したので、モデルデータがダウンロードできない場合は、そちらを利用するようにしてください。VGG16の学習済みモデルデータは、本書のソースコードと同じくC&R研究所のページ（http://www.c-r.com/book/detail/1182）からダウンロードすることができます。ダウンロードした内容に含

118

まれる「vgg16-model.npz」というファイルを、プログラムと同じ場所にコピーし、次のように「L.VGG16Layers」クラスの引数として指定すれば、モデルデータのダウンロードを行わないでも「L.VGG16Layers」クラスを使用できます。

```
$ python3
>>> import chainer.links as L
>>> L.VGG16Layers('vgg16-model.npz')    # ダウンロードできない場合
```

COLUMN AI創作物と著作権

　本書では画像や文章などのコンテンツを生成する人工知能を紹介しますが、それでは、人工知能が生成したコンテンツの著作権は、いったい、どのような扱いになるのでしょうか。

　人工知能に学習させる教師データについては、Web上で公開されているものであっても、当然のごとく著作権が存在しています。

　しかし、人工知能が自動的に生成するコンテンツについては、著作権の前提となる創作行為が認められないため、著作権の権利の対象とはならないというのが、現状では一般的な解釈のようです。

　もっとも、将来的には、フリーライド防止の観点から何らかの保護が必要になるだろうという認識はあるようで、現在、首相官邸内に設置されている知的財産戦略本部内にある「新たな情報財検討委員会」※1という委員会が、人工知能が生成するコンテンツを『AI創作物』と定義して、そのようなコンテンツの法的保護の可能性について検討をしている最中です。

- 知的財産戦略本部　新たな情報財検討委員会（第1回）　議事次第
    URL http://www.kantei.go.jp/jp/singi/titeki2/tyousakai/kensho_hyoka_kikaku/2017/johozai/dai1/gijisidai.html

SECTION-015

スタイル変換を実装する

● スタイル変換のパラメーター

　モデルデータをダウンロード「L.VGG16Layers」クラスを利用できるようになれば、実際にスタイル変換を行うプログラムを作成します。

　前述のように、A Neural Algorithm of Artistic Styleでは、ニューラルネットワークに対する学習は行いません。その代わりに、生成画像となる画像データに対して直接、機械学習を行うことになります。

　そこで、画像データを保持するクラスを作成して、そのクラスに対する機械学習が可能になるようにしますが、その前にプログラム全体で使用するパラメーターを設定します。

◆ パラメーターの作成

　A Neural Algorithm of Artistic Styleで設定が必要になるのは、畳み込みニューラルネットワークのどの層から形状情報とスタイル情報を抽出するかという設定と、その情報に対する重み付けです。

　これらの設定については、次のようにパラメーターを設定しました。「figure_rate」という変数には、形状を抽出したデータに対する重みを、「figure_layers」と「style_layers」には、それぞれ形状情報とスタイル情報を抽出する、VGG16内のレイヤーの名前を指定します。

```
SOURCE CODE    chapt05-1.pyのコード

figure_rate = 0.02      # 画像形状の割合
figure_layers = ["conv3_3", "conv4_3"]   # 7層目、10層目を画像形状抽出用に使う
style_layers = ["conv1_2", "conv2_2", "conv3_3", "conv4_3"]   # 2層目〜10層目を
                                                              # スタイル抽出用に使う
```

　また、次のように「L.VGG16Layers」クラスを作成してプログラム中で利用できるようにしておき、必要ならばGPU用のデータへと変換もしておきます。

```
SOURCE CODE    chapt05-1.pyのコード

uses_device = 0      # GPU#0を使用

vgg_model = L.VGG16Layers()  # VGG16のモデル
# vgg_model = L.VGG16Layers('vgg16-model.npz')  # ダウンロードできないときはこちら

# GPU使用時とCPU使用時でデータ形式が変わる
if uses_device >= 0:
  import cupy as cp
  import chainer.cuda
  # GPU用データ形式に変換
  vgg_model.to_gpu()
else:
  cp = np
```

●画像データを保持するクラスを作成

次に、画像データを保持するクラスを作成して、そのクラスに対する機械学習を行えるように設定します。

画像データを保持するだけならば単なる配列データでもよいのですが、この章ではChainerのフレームワークを利用して機械学習を行うので、「chainer.Link」クラスのサブクラスとして、画像データを保持するクラスを作成します。

まずは次のように、「Generate_L」という名前のクラスを作成します。

SOURCE CODE | chapt05-1.pyのコード

```
# 生成する画像データを保持するLink
class Generate_L(chainer.Link):

    def __init__(self, img_origin, img_style):
        super(Generate_L, self).__init__()
```

◆スタイル行列の計算

次に、「Generate_L」クラス内にスタイル行列の計算を行う関数を作成します。この関数は引数として、VGG16から取得した中間の層のデータを取り、そのデータ内の各レイヤー間でデータの相関を取りその結果を配列として返します。

SOURCE CODE | chapt05-1.pyのコード

```
# スタイル行列を取得する関数
def get_matrix(self, vgg):
    result = []
    for i in style_layers:
        ch = vgg[i].data.shape[1]
        wd = vgg[i].data.shape[2]
        y = F.reshape(vgg[i], (ch,wd**2))
        result.append(F.matmul(y, y, transb=True) / (ch*wd**2))
    return result
```

◆形状情報とスタイル行列の保存

また、「Generate_L」クラスの引数に指定した「img_origin」と「img_style」は元画像とスタイル画像のデータで、これはPythonの「Image」クラスのデータを与えるものとします。そのデータを用いて元画像とスタイル画像の形状情報とスタイル行列を計算しますが、これは最初に一度だけ行えばよい処理なので、「Generate_L」クラスの「__init__」関数内でクラス内に保存しておきます。

Chainerの「L.VGG16Layers」クラスには、Pythonの「Image」クラスのデータ入力し、指定した層のデータを出力してくれる「extract」という関数があるので、ここではそれを利用しました。

■ SECTION-015 ■ スタイル変換を実装する

SOURCE CODE | chapt05-1.pyのコード

```python
# 元画像から画像形状を取得
vgg1 = vgg_model.extract([img_origin], layers=figure_layers, size=img_origin.size)
self.origin_figure = [vgg1[i] for i in figure_layers]
# スタイル画像からスタイル行列を取得
vgg2 = vgg_model.extract([img_style], layers=style_layers, size=img_style.size)
self.style_matrix = self.get_matrix(vgg2)
```

▶ Linkに対する機械学習

次に、「L.VGG16Layers」クラスに対する機械学習が行えるようにしていきます。

◆ 重みデータのみを保持するLink

このままでは「L.VGG16Layers」クラスは学習対象となるデータを持っていないので、学習対象となるデータを作成します。学習対象となるデータは画像データで、元画像のサイズと同じ大きさの配列である必要があります。また、色数としてフルカラーの3チャンネル分を、バッチ処理用の次元数として「1」を指定します。

この章ではバッチ処理は行わず、バッチサイズは1に固定していますが、もしここで、バッチ処理を使用して複数枚の画像に対して同時に処理を行いたいのであれば、バッチ処理用の次元に必要な枚数を指定します。

学習の対象となるデータは、「chainer.Parameter」クラスとして作成し、ニューラルネットワークの層と同じように「with self.init_scope():」以下のブロック内で作成します。

さらに、初期値としては乱数データから作成するように「chainer.initializers.Normal」クラスを引数として与えます。

SOURCE CODE | chapt05-1.pyのコード

```python
# 画像データとなるパラメーターを作成
w = chainer.initializers.Normal()
with self.init_scope():
  self.W = chainer.Parameter(w, (1,3,img_origin.size[0],img_origin.size[1]))
```

◆ 入力画像のデータを抽出する

次に、「L.VGG16Layers」クラス内に「__call__」関数を作成して、機械学習の際に呼び出されるコードを作成します。

まずは自分自身の内部データを画像データとして扱い、元画像やスタイル画像と同じように形状情報とスタイル行列を取得します。

SOURCE CODE | chapt05-1.pyのコード

```python
def __call__(self):
  # 画像形状とスタイル行列を取得
  vgg = vgg_model(self.W, layers=style_layers)
  gen_figure = [vgg[i] for i in figure_layers]
  gen_matrix = self.get_matrix(vgg)
```

■ SECTION-015 ■ スタイル変換を実装する

◆損失関数を定義する

次に、「__init__」関数内で保存しておいた、元画像の形状データと、スタイル画像のスタイル行列との差分を取ります。この際、形状データから計算した差分には、あらかじめパラメーターとして設定しておいた重みデータを掛けるようにします。

SOURCE CODE | chapt05-1.pyのコード

```
# 損失を計算
loss = 0
# VGG16のスタイル抽出用レイヤーから、画像形状の差を取得
for i in range(len(gen_figure)):
  loss += figure_rate * F.mean_squared_error(gen_figure[i], self.origin_figure[i])
# VGG16のスタイル抽出用レイヤーから、スタイル行列の差を取得
for i in range(len(gen_matrix)):
  loss += F.mean_squared_error(gen_matrix[i], self.style_matrix[i])
return loss
```

以上で「L.VGG16Layers」クラスは完成しました。

▶カスタムUpdaterの作成

次に、これまでの章と同様にカスタムUpdaterを作成して、「L.VGG16Layers」クラスに対する機械学習を行うコードを作成します。

◆オーバーライドする関数

作成するカスタムUpdaterは単純なものなのですが、これまでの章と異なっているのは、機械学習を行う度に異なる教師データを渡さなくてもよい、ということです。

つまり、教師データとなる元画像とスタイル画像は、「L.VGG16Layers」クラスを作成した際にすでに設定しているので、これまでの章のようにイテレーター内に教師データを保持しておき、機械学習のループが回る都度、新しいバッチ処理のデータを用意する必要はないのです。

そこでまず、親クラスである「StandardUpdater」にはイテレーターとして「None」を渡すUpdaterを作成します。

SOURCE CODE | chapt05-1.pyのコード

```
# カスタムUpdaterのクラス
class ANAASUpdater(training.StandardUpdater):

  def __init__(self, optimizer, device):
    super(ANAASUpdater, self).__init__(
      None,
      optimizer,
      device=device
    )
```

このままでは実行時にエラーが出てしまうので、内部でイテレーターを使っている関数はすべてオーバーライドし、エラーが発生しないようにします。

■ SECTION-015 ■ スタイル変換を実装する

SOURCE CODE || chapt05-1.pyのコード

```python
# イテレーターがNoneなのでエラーが出ないようにオーバライドする
@property
def epoch(self):
  return 0


@property
def epoch_detail(self):
  return 0.0


@property
def previous_epoch_detail(self):
  return 0.0


@property
def is_new_epoch(self):
  return False


def finalize(self):
  pass
```

◆ 実際にupdateする

次に「update_core」関数を作成して学習を行いますが、この「update_core」関数で行うべき処理はほとんどありません。親クラスである「StandardUpdater」の「update_core」関数を直接、使うと、イテレーターが存在しないとエラーになるため、イテレーターからデータを取得する箇所を削除し、直接、Optimizerをupdateするようにしただけのコードとなります。

SOURCE CODE || chapt05-1.pyのコード

```python
def update_core(self):
  # Optimizerを取得
  optimizer = self.get_optimizer('main')
  # イテレーターからのデータなしでupdateするだけ
  optimizer.update(optimizer.target)
```

▶ 実際の学習を開始する

次に、作成したカスタムUpdaterを呼び出して機械学習を行いますが、この部分はこれまでの章とほぼ同じコードとなります。

◆ 入力画像を開く

まずは、入力データとなる元画像とスタイル画像を読み込みますが、その前に利用する画像ファイルの名前を、次のようにプログラムのコマンドラインの引数から取得するようにします。

124

■ SECTION-015 ■ スタイル変換を実装する

SOURCE CODE | chapt05-1.pyのコード

```python
# 入力ファイル
original_file = 'original.png'
if len(sys.argv) >= 2:
  original_file = str(sys.argv[1])
style_file = 'style.png'
if len(sys.argv) >= 3:
  style_file = str(sys.argv[2])
# 出力ファイル
output_file = 'result.png'
if len(sys.argv) >= 4:
  output_file = str(sys.argv[3])
```

　元画像とスタイル画像は次のようにして読み込みます。ここでは画像のカラーモデルをRGB
にして、画像サイズを元画像に合わせて変換しています。

SOURCE CODE | chapt05-1.pyのコード

```python
# 入力画像を開く
original_img = Image.open(original_file).convert('RGB')
# スタイル画像を開く
style_img = Image.open(style_file).convert('RGB').resize(original_img.size)
```

◆ 機械学習を実行する

　元画像とスタイル画像を読み込んだら、そのデータを引数にして「Generate_L」クラスを
作成し、機械学習を開始します。学習アルゴリズムとしてはAdamを選択し、学習が速く進む
ようにパラメーターを調整しています。Updaterに設定する繰返し回数には、イテレーターが
存在しないのでエポック数で指定することはできません。次のようにiteration数で、学習を繰
り返す回数を指定します。

SOURCE CODE | chapt05-1.pyのコード

```python
# モデルの作成
model = Generate_L(original_img, style_img)


# Optimizerの作成
optimizer = optimizers.Adam(alpha=5.0, beta1=0.9)
optimizer.setup(model)


# デバイスを選択してTrainerを作成する
updater = ANAASUpdater(optimizer, device=uses_device)
trainer = training.Trainer(updater, (5000, 'iteration'), out="result")
# 学習の進展を表示するようにする
trainer.extend(extensions.ProgressBar(update_interval=1))


# 機械学習を実行する
trainer.run()
```

CHAPTER 05

画像のスタイル変換

125

■ SECTION-015 ■ スタイル変換を実装する

◆ 結果を保存する

最後に、学習した結果を保存します。

A Neural Algorithm of Artistic Styleでは画像データに対して直接、学習を行うので、保存するファイルこれまでの章とはことなり、画像ファイルとなります。それには次のように、「Generate_L」クラス内のデータから直接、画素データを取り出し、画像として保存します。

VGG16では**Mean値**といって、学習させたデータの平均色をあらかじめ引いた値を、画素データの値として使用します。そのため、「Generate_L」クラス内のデータから取り出した画素データに、Mean値を足し合わせてRGB値とします。また、VGG16ではRGBではなくBGRの並び順で画素データを扱うので、その順番も並び替える必要があります。

SOURCE CODE ‖ chapt05-1.pyのコード

```python
# 学習結果を保存する
data = np.zeros((original_img.size[0], original_img.size[1], 3), dtype=np.uint8)
dst = model.W.data[0]   # BGRの画素データ
if uses_device >= 0:
  dst = chainer.cuda.to_cpu(dst)
data[:,:,0] = (dst[2] + 103.939).clip(0,255)
data[:,:,1] = (dst[1] + 116.779).clip(0,255)
data[:,:,2] = (dst[0] + 123.68).clip(0,255)
himg = Image.fromarray(data, 'RGB')
himg.save(output_file)
```

● 最終的なプログラム

以上の内容をつなげると、A Neural Algorithm of Artistic Styleを行うプログラムのコードは、最終的に次のようになります。

SOURCE CODE ‖ chapt05-1.pyのコード

```python
import chainer
import chainer.functions as F
import chainer.links as L
from chainer import training, datasets, iterators, optimizers
from chainer.training import extensions
import numpy as np
import os
import sys
import math
from numpy import random
from PIL import Image

uses_device = 0      # GPU#0を使用
figure_rate = 0.02     # 画像形状の割合
figure_layers = ["conv3_3", "conv4_3"]   # 7層目、10層目を画像形状抽出用に使う
style_layers = ["conv1_2", "conv2_2", "conv3_3", "conv4_3"]   # 2層目〜10層目を
                                                              # スタイル抽出用に使う
```

▼

■ SECTION-015 ■ スタイル変換を実装する

```python
vgg_model = L.VGG16Layers()      # VGG16のモデル
# vgg_model = L.VGG16Layers('vgg16-model.npz')   # ダウンロードできないときはこちら

# GPU使用時とCPU使用時でデータ形式が変わる
if uses_device >= 0:
  import cupy as cp
  import chainer.cuda
  # GPU用データ形式に変換
  vgg_model.to_gpu()
else:
  cp = np

# 生成する画像データを保持するLink
class Generate_L(chainer.Link):

  def __init__(self, img_origin, img_style):
    super(Generate_L, self).__init__()
    # 元画像から画像形状を取得
    vgg1 = vgg_model.extract([img_origin], layers=figure_layers, size=img_origin.size)
    self.origin_figure = [vgg1[i] for i in figure_layers]
    # スタイル画像からスタイル行列を取得
    vgg2 = vgg_model.extract([img_style], layers=style_layers, size=img_style.size)
    self.style_matrix = self.get_matrix(vgg2)

    # 画像データとなるパラメーターを作成
    w = chainer.initializers.Normal()
    with self.init_scope():
      self.W = chainer.Parameter(w, (1,3,img_origin.size[0],img_origin.size[1]))

  # スタイル行列を取得する関数
  def get_matrix(self, vgg):
    result = []
    for i in style_layers:
      ch = vgg[i].data.shape[1]
      wd = vgg[i].data.shape[2]
      y = F.reshape(vgg[i], (ch,wd**2))
      result.append(F.matmul(y, y, transb=True) / (ch*wd**2))
    return result

  def __call__(self):
    # 画像形状とスタイル行列を取得
    vgg = vgg_model(self.W, layers=style_layers)
    gen_figure = [vgg[i] for i in figure_layers]
    gen_matrix = self.get_matrix(vgg)
    # 損失を計算
    loss = 0
```

CHAPTER 05

画像のスタイル変換

127

■ SECTION-015 ■ スタイル変換を実装する

```python
        # VGG16のスタイル抽出用レイヤーから、画像形状の差を取得
        for i in range(len(gen_figure)):
            loss += figure_rate * F.mean_squared_error(gen_figure[i], self.origin_figure[i])
        # VGG16のスタイル抽出用レイヤーから、スタイル行列の差を取得
        for i in range(len(gen_matrix)):
            loss += F.mean_squared_error(gen_matrix[i], self.style_matrix[i])
        return loss


# カスタムUpdaterのクラス
class ANAASUpdater(training.StandardUpdater):

    def __init__(self, optimizer, device):
        super(ANAASUpdater, self).__init__(
            None,
            optimizer,
            device=device
        )

    # イテレーターがNoneなのでエラーが出ないようにオーバライドする
    @property
    def epoch(self):
        return 0

    @property
    def epoch_detail(self):
        return 0.0

    @property
    def previous_epoch_detail(self):
        return 0.0

    @property
    def is_new_epoch(self):
        return False

    def finalize(self):
        pass

    def update_core(self):
        # Optimizerを取得
        optimizer = self.get_optimizer('main')
        # イテレーターからのデータなしでupdateするだけ
        optimizer.update(optimizer.target)


# 入力ファイル
original_file = 'original.png'
if len(sys.argv) >= 2:
```

■ SECTION-015 ■ スタイル変換を実装する

```python
    original_file = str(sys.argv[1])
style_file = 'style.png'
if len(sys.argv) >= 3:
    style_file = str(sys.argv[2])
# 出力ファイル
output_file = 'result.png'
if len(sys.argv) >= 4:
    output_file = str(sys.argv[3])

# 入力画像を開く
original_img = Image.open(original_file).convert('RGB')
# スタイル画像を開く
style_img = Image.open(style_file).convert('RGB').resize(original_img.size)

# モデルの作成
model = Generate_L(original_img, style_img)

# Optimizerの作成
optimizer = optimizers.Adam(alpha=5.0, beta1=0.9)
optimizer.setup(model)

# デバイスを選択してTrainerを作成する
updater = ANAASUpdater(optimizer, device=uses_device)
trainer = training.Trainer(updater, (5000, 'iteration'), out="result")
# 学習の進展を表示するようにする
trainer.extend(extensions.ProgressBar(update_interval=1))

# 機械学習を実行する
trainer.run()

# 学習結果を保存する
data = np.zeros((original_img.size[0], original_img.size[1], 3), dtype=np.uint8)
dst = model.W.data[0]   # BGRの画素データ
if uses_device >= 0:
    dst = chainer.cuda.to_cpu(dst)
data[:,:,0] = (dst[2] + 103.939).clip(0,255)
data[:,:,1] = (dst[1] + 116.779).clip(0,255)
data[:,:,2] = (dst[0] + 123.68).clip(0,255)
himg = Image.fromarray(data, 'RGB')
himg.save(output_file)
```

◆ 実行結果

上記のプログラムは、次のように引数に元画像、スタイル画像、出力画像の名前を指定して呼び出します。

```
$ python3 chapt05-1.py orignal.png style.png result.png
```

129

■ SECTION-015 ■ スタイル変換を実装する

　試しにCHAPTER 03でWikimediaからダウンロードした画像に、いくつかのスタイル画像を適応させてみたところ、次のようになりました。

◉元画像

◉スタイル画像

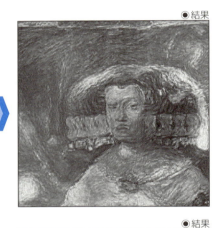
◉結果

◉スタイル画像

◉結果

■ SECTION-015 ■ スタイル変換を実装する

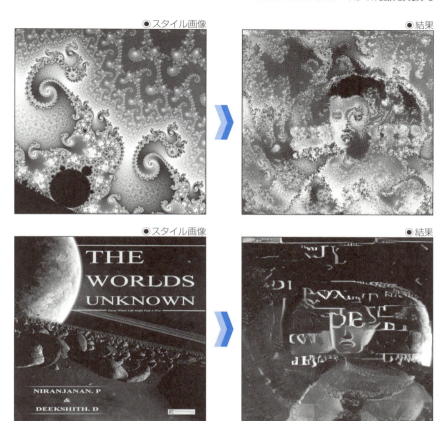

　また、CHAPTER 04で作成した、DCGANで生成した画像にCHAPTER 03の超解像を適用した画像に、似た画風のスタイル画像を適応させてみたところ、次のようになりました。

■ SECTION-015 ■ スタイル変換を実装する

◉元画像

◉スタイル画像

◉結果

◉一部を拡大したもの

■ SECTION-015 ■ スタイル変換を実装する

◉ 元画像

◉ スタイル画像

◉ 結果

◉ 一部を拡大したもの

CHAPTER 05 画像のスタイル変換

■ SECTION-015 ■ スタイル変換を実装する

◉元画像

◉スタイル画像

◉結果

◉一部を拡大したもの

　まだ少々ノイズが見られるものの、DCGANと超解像で失われたディテールが、スタイル画像から補われており、実際の絵画と区別の付きにくい画像が出来上がっていることがわかります。

CHAPTER 06

文章の自動生成

SECTION-016
自然言語処理の基本

▶ 形態素解析

前章までは、主に画像を生成するニューラルネットワークについて解説をしてきました。

この章からは画像ではなく文章を扱うニューラルネットワークとして、RNN（Recurrent Neural Network）を使用した自然言語の生成を行いますが、その前に、自然言語処理に関して最低限必要な知識を解説をします。

◆ 文章の構造

コンピューターで日本語の文を扱う際の問題点の1つは、日本語では単語と単語をスペースで区切ることがないので、文を単語のリストへと分解する際に、いくつもの区切り方が考えられることです。

通常、日本語で書かれた文から、その文を構成している単語のリストを作成するには、**形態素解析**という技術が使われます。

●形態素解析

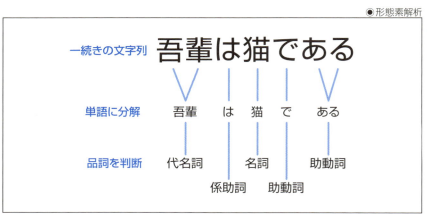

形態素解析では、文章の区切り方に対しての統計的処理と、辞書によるマッチングをもとにして、文を**形態素**という要素へと分解します。また、それぞれの形態素に対して、品詞の種類や活用形などの情報も、可能な限り提示してくれます。

なお、本書では自然言語処理そのものについては主要なテーマではないので、形態素解析で使用する形態素と、文の構成要素である単語とを特に区別していません。これ以降、自然言語処理の中で単語という言葉が登場した場合、それは形態素のことだとしてください。

◆ MeCabのインストール

形態素解析を行うツールやライブラリにはさまざまなものがありますが、ここでは**MeCab**というツールを使用します。UbuntuにMeCabをインストールするには、次のコマンドを実行します。

```
$ sudo apt-get install mecab mecab-ipadic-utf8
```

■ SECTION-016 ■ 自然言語処理の基本

　MeCabのインストールが完了したら、コマンドラインから形態素解析の動作をチェックしてみます。MeCabでは、標準入出力を通じて文の入力と形態素解析結果の出力を行うことができるので、次のように日本語の文をリダイレクトで読み込ませてみます。なお、コンソールの文字コードはUTF-8を指定してください。

```
$ echo "吾輩は猫である" | mecab
吾輩    名詞,代名詞,一般,*,*,*,吾輩,ワガハイ,ワガハイ
は      助詞,係助詞,*,*,*,*,は,ハ,ワ
猫      名詞,一般,*,*,*,*,猫,ネコ,ネコ
で      助動詞,*,*,*,特殊・ダ,連用形,だ,デ,デ
ある    助動詞,*,*,*,五段・ラ行アル,基本形,ある,アル,アル
EOS
```

　ここでは「吾輩は猫である」という文を入力し、「吾輩」「は」「猫」「で」「ある」という単語のリストと、終端文字である「EOS」が出力されました。

文章生成の原理

　形態素解析について理解したら、次は実際に文章を生成するニューラルネットワークについて解説をします。

◆基本となるアイデア

　文章を生成する際の基本となるアイデアは、教師データとしてある程度以上の長い文章を使い、その中に存在しているすべての単語をリスト化するところから始まります。

　本来であれば、国語辞典などを使って日本語に含まれるすべての単語をあらかじめリストしておけばよいのでしょうが、使用する単語のリストが増えるとその分だけ学習時間も増えるので、ここでは教師データとなる文章に含まれる単語のみをリスト化することにします。

●文中にあるすべての単語をリストする

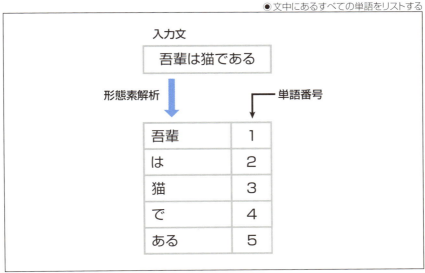

137

SECTION-016 自然言語処理の基本

　単語のリスト化は、形態素解析で取り出した単語を、重複のない一覧表にして、それぞれ固有の番号を振れば完成です。こうして日本語の文を単語のリストにし、単語を数値で表すことができるようになれば、ニューラルネットワークで日本語の文を扱うことができます。

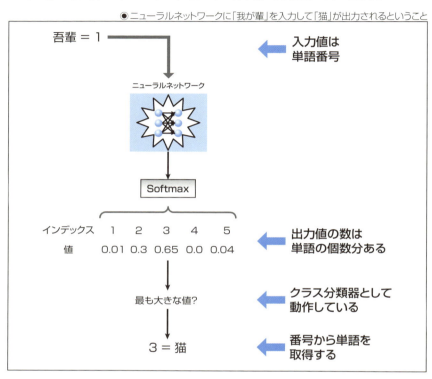

●ニューラルネットワークに「我が輩」を入力して「猫」が出力されるということ

　上図のニューラルネットワークは、一度に1つの単語を扱う種類のものです。ニューラルネットワークの入力には単語のリストから取得できる、単語に固有の番号を入力します。そしてニューラルネットワークの出力はクラス分類器となっており、リストにあるすべての単語から、それぞれの出現確率を取得するものになります。

　文章を自動生成するアイデアの基本は、このようなニューラルネットワークを続けて実行して、最初の書き出しとなる単語から、その次の単語、さらにその次の単語という風に、次々に単語の出現確率を取得していくことで、単語のリストである文を作成する、というものになります。

　ちなみに、このように単語の出現確率から文章を生成する場合、学術的には**パープレキシティ**という値を使ってモデルの性能を評価します。このパープレキシティとは、要するに次の単語を選択する際の分岐数の平均値を表しているのですが、トマス・ミコロフ、マーティン・カラフィアートらによる論文（http://www.fit.vutbr.cz/research/groups/speech/publi/2010/mikolov_interspeech2010_IS100722.pdf）[6-1]では、アメリカの新聞のウォール・ストリート・ジャーナルから抜き出した6万4000語からなる文章を使い、ニューラルネットワークがそれまでの手法よりも優れた性能を発揮することが示されています。

◆RNNとは

ここで扱うニューラルネットワークは文章の自動生成を行うので、先ほどの図とは異なり、次から次へと異なる単語を出力してくれるタイプのニューラルネットワークが必要になります。また、自然言語を扱う場合には、単純なクラス分類器では扱うことのできない、「文脈」を扱う必要があります。

つまり、一般的な文では、文の前の方に登場した単語が、それから長い単語のリストを挟んだ後ろの方になっても、その次にどの単語が選択されるべきかに影響するのです。

具体的な例を挙げると、「ウサギ穴に落ちたアリスは、さまざまなものが壁の棚に置いてあるのを見た後、広間に◎◎」という部分まで文を生成した後で、◎◎の部分にどのような単語が選択されるべきかは、文の前の方で登場した「ウサギ穴に落ちたアリスは」という部分の影響を受けます。つまり、「アリスはウサギ穴を落ちている」という情報があってはじめて、◎◎の部分には、「着地した」などが入ることになると理解できるのです。

● 文の前の方が次の単語に影響する

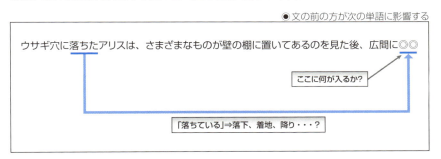

そのように、次々とデータの入力と出力を繰り返しつつも、以前の入出力で作成されたステータスを保持し続けていたい場合、**再帰型ニューラルネットワーク（RNN）**という種類のニューラルネットワークを使用します。

● RNN

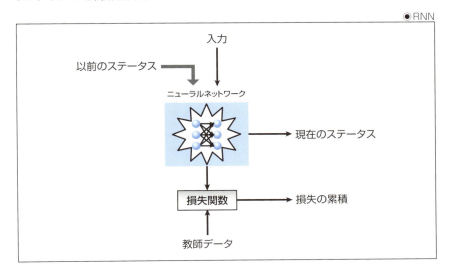

■ SECTION-016 ■ 自然言語処理の基本

　RNNは、入力と出力を持つことは通常の順伝播型ニューラルネットワークと同じですが、その他に「1つ前のニューラルネットワークのステータス」も入力として取り、「現在のニューラルネットワークのステータス」を出力することができるという特徴があります。

◆RNNに文を学習させる

　そのような特徴があるため、RNNでは、自然言語の文のように、次々に単語を入力しても、それらの単語が入力されたというステータスを保持したまま、そのステータスにおける次の出力を返すことができるのです。

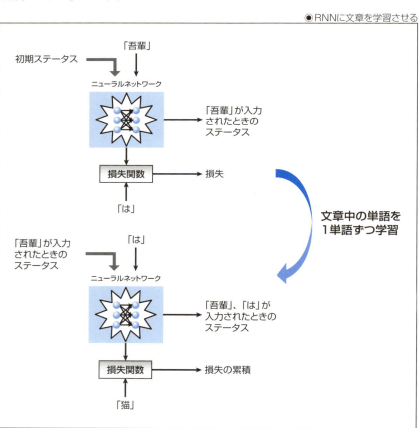

●RNNに文章を学習させる

　RNNの学習では、最初に特殊な値として定義された開始文字を入力し、その出力が文の最初の単語になるように学習させます。さらに、RNNの出力した単語を、RNN自身の「次の入力」とすることで、単語の連鎖である文の全体を扱うことができるようになります。

● 文章の終わり

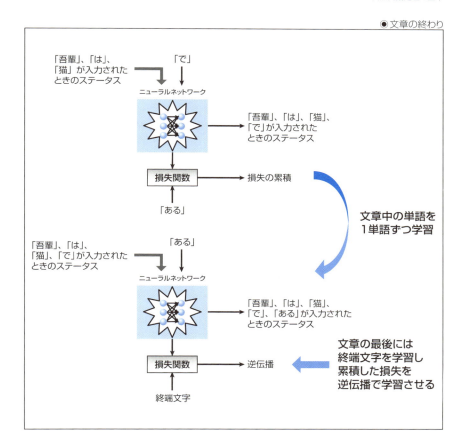

　そのままではRNNは無限に単語のリストを出力してしまいますが、実際には「文の終わり」を表す終端文字を学習させることで、無限に単語のリストが生成されるのを防ぐことができます。また、ニューラルネットワークの学習は、文章の終わりまで損失を累積していき、文章が終わったときにすべてのステータスに対して逆伝播させる方法が採られます。

　これにより、時系列的につながっている「以前の」ニューラルネットワークに対しても、誤差逆伝播法アルゴリズムによって損失を伝達させることができます。

SECTION-017

教師データの用意

● データセットの入手

それでは実際にRNNに文章を学習させてみます。RNNの学習には、ある程度の長さを持った文章が必要になりますが、ここではフリーの百科事典であるWikipediaのデータを使用して、学習を行います。

◆ Wikipediaから文章をダウンロード

RNNの学習にはある程度以上の長さがある文章が必要ですが、さすがにWikipediaの全文データを使用すると、データが大きすぎて、実用的な時間では学習が収束してくれません。

そこでここでは、Wikipediaの個別の記事の中から「不思議の国のアリス」「ふしぎの国のアリス」「鏡の国のアリス」「地下の国のアリス」の記事を取り出して、そのデータを学習に使用します。Wikipediaの「不思議の国のアリス」の記事は、「https://ja.wikipedia.org/wiki/不思議の国のアリス」から参照することができますが、ここでは記事をダウンロードして保存するPythonのプログラムを作成しました。

次のプログラムを「**chapt06-1.py**」として保存してください。

SOURCE CODE	chapt06-1.py

```python
# -*- coding: utf-8 -*-

import sys
import codecs
import re
import urllib.parse
import urllib.request

sys.stdout = codecs.getwriter('utf_8')(sys.stdout)

urls = [ \
  u'不思議の国のアリス', \
  u'ふしぎの国のアリス', \
  u'鏡の国のアリス', \
  u'地下の国のアリス', \
]
for url in urls:
  # 日本語版Wikipediaのページ
  with urllib.request.urlopen('https://ja.wikipedia.org/wiki/'+ \
      urllib.parse.quote_plus(url)) as response:
    # URLから読み込む
    html = response.read().decode('utf-8')
```

■ SECTION-017 ■ 教師データの用意

```python
# 本文の<p>タグを取得する
all = re.findall(r'<p>.*</p>', html)

# 半角文字を削除して出力する
for a in all:
  a = re.sub(r'[\s!-~]*', '', a)
  # 「。」を改行にする
  a = re.sub(r'。', '\n', a)
  sys.stdout.buffer.write(a.encode('utf-8'))
```

　このプログラムの詳細については解説しませんが、Python3のurllibライブラリを使って対象の記事をダウンロードし、HTMLの<p>タグに囲まれた箇所を抜き出して、半角文字以外を出力するようになっています。スクレイピングとしては不完全なものですが、とりあえずの用には足りるので、今回はこのプログラムを使って教師データとなる文章を作成します。

　下記のコマンドを実行すると、「**alice.txt**」という名前のファイルが作成されます。

```
$ python3 chapt06-1.py > alice.txt
```

　headコマンドを使って「alice.txt」の最初の5行を表示してみると、次のようにWikipediaの記事から文章がダウンロードできています。

```
$ head -n5 alice.txt
『不思議の国のアリス』(ふしぎのくにのアリス、英語英)は、イギリスイギリスの数学者数学者
チャールズ・ラトウィッジ・ドジソンがルイス・キャロルルイス・キャロルの筆名で書いた児童
小説
年年刊
幼い少女アリス不思議の国のアリスアリスが白ウサギ不思議の国のアリス白ウサギを追いかけて
不思議の国に迷い込み、しゃべる動物や動くトランプなどさまざまなキャラクターたちと出会いな
がらその世界を冒険するさまを描いている
キャロルが知人の少女アリス・リデルアリス・リデルのために即興でつくって聞かせた物語がも
とになっており、キャロルはこの物語を手書きの本にして彼女にプレゼントする傍ら、知人たちの
好評に後押しされて出版に踏み切った
年年には続編として『鏡の国のアリス鏡の国のアリス』が発表されている
```

◆ 単語ごとに分離
　この章では、形態素解析で利用できる品詞情報は利用しないので、作成した「**alice.txt**」を単純に単語ごとに分離した形に変換します。それには、MeCabを「**-Owakati**」オプションを付けて実行します。

　次のコマンドを実行すると、「**alice-wakati.txt**」という名前で、単語ごとにスペースで区切られた内容のファイルが作成されます。

```
$ mecab -b 100000 -Owakati alice.txt -o alice-wakati.txt
```

CHAPTER 06
文章の自動生成

143

■ SECTION-017 ■ 教師データの用意

　後は、文章中に含まれているすべての単語を取り出し、リストとして保存するだけです。また、文章そのものも、単語のリストから単語を表す番号のリストとして保存しておくことにします。それについても、Pythonのプログラムで行うことにしますので、次のプログラムを「chapt06-2.py」として保存してください。

```
SOURCE CODE    chapt06-2.py

# -*- coding: utf-8 -*-

import sys
import codecs

sys.stdout = codecs.getwriter('utf_8')(sys.stdout)

# まずは、すべての単語のリストを作成する

# 現在の単語の数
wc = 0
# 単語リスト
wcc = {}

# ファイルを読み込む
f = codecs.open('alice-wakati.txt', 'r', 'utf8')

# 1行ずつ処理する
line = f.readline()
while line:
  # 行の中の単語をリストする
  l = line.split()
  for w in l:
    if not w in wcc:
      # 0は開始文字、1は終端文字とするので2から
      wcc[w] = wc + 2
      wc = wc + 1
  line = f.readline()

# 単語と単語インデックスの表を保存する
r = codecs.open('all-words.txt', 'w', 'utf8')
for w in wcc:
  r.write(str(wcc[w]) + ',' + w + '\n')
r.close()

# 次に、文章を単語インデックスのリストに変換する

# ファイルの初めに戻ってもう一度
f.seek(0)
```

144

■ SECTION-017 ■ 教師データの用意

```python
# 単語インデックスで作られた文を保存する
r = codecs.open('all-sentences.txt', 'w', 'utf8')

# 文章となる単語のリスト
sentence = []

# 1行ずつ処理する
line = f.readline()
while line:
    # 行の中の単語をリストする
    l = line.split()
    for w in l:
        # 今の単語を文に追加する
        sentence.append(wcc[w])
    # 改行で保存
    for i in range(len(sentence)):
        r.write(str(sentence[i]))
        if i < len(sentence)-1:
            r.write(',')
    r.write('\n')
    sentence = []
    line = f.readline()
f.close()
r.close()
```

　このプログラムの内容はシンプルで、「alice-wakati.txt」ファイルを読み込んだ後に、「wcc」というディクショナリに単語の文字列と単語番号を、「sentence」というリストに単語番号からなる文章を入れていきます。ここでは「0」を開始文字、「1」を終端文字として扱うので、単語番号は「2」から始まるようになっています。

　このプログラムを「chapt06-2.py」という名前で保存したら、次のコマンドで実行してください。

```
$ python3 chapt06-2.py
```

　すると、「all-words.txt」「all-sentences.txt」という2つのファイルが作成されます。簡単にファイルの中身をのぞいてみると、次のように「all-words.txt」には合計1717個の単語が存在し、番号と文字列のリストとなっていることがわかります。また、「all-sentences.txt」にはカンマで区切られた単語番号の形で、文章が存在していることがわかります。

■ SECTION-017 ■ 教師データの用意

```
$ wc -l all-words.txt
2661 all-words.txt
$ head -n5 all-words.txt
557,章
2647,エヴァンズ
1192,首
1403,アントナン・アルトーアントナン・アルトー
1985,ハンプティ・ダンプティハンプティ・ダンプティ
$ head -n5 all-sentences.txt
2,3,4,5,4,6,7,8,9,4,10,4,6,11,12,13,14,15,11,16,16,4,17,18,17,18,19,20,21,22,23,4,24,25
,26,27,28,29
30,31
32,33,6,3,4,5,4,34,22,35,36,3,4,5,4,6,35,36,37,38,39,3,4,5,40,41,11,42,43,44,45,46,47,4
8,49,50,51,52,53,54,55,56,37,57,58,59,37,60,39,61
62,22,63,4,33,64,4,65,40,66,25,67,39,68,69,27,70,22,71,40,72,39,73,11,62,15,74,70,37,75
,4,76,40,77,39,78,40,79,58,80,11,63,51,4,81,40,82,83,84,39,85,40,86,27
87,40,15,88,89,2,90,4,5,4,6,90,4,5,4,6,7,22,91,83,84,39,61
```

SECTION-018

教師データを学習させる

▶ 機械学習用のクラスを作成する

教師データの準備が整ったら、実際に機械学習を行うプログラムを作成して、学習を行います。

ここではPythonのサンプルにある「**train_ptb**」を参考にしながら、より簡素化したプログラムを作成しました。Pythonのサンプルにある「**train_ptb**」は「https://github.com/pfnet/chainer/tree/master/examples/ptb」から参照できるので、興味がある方は本書のコードと見比べながら、その動作について学んでください。

◆ ニューラルネットワークの定義

まずは前章と同じように、ニューラルネットワークのモデルを定義するクラスを作成します。ここでは「**Genarate_RNN**」という名前のクラスを、次のように作成しました。

SOURCE CODE | chapt06-3.pyのコード

```python
# RNNの定義をするクラス
class Genarate_RNN(chainer.Chain):

    def __init__(self, n_words, nodes):
        super(Genarate_RNN, self).__init__()
        with self.init_scope():
            self.embed = L.EmbedID(n_words, n_words)
            self.l1 = L.LSTM(n_words, nodes)
            self.l2 = L.LSTM(nodes, nodes)
            self.l3 = L.Linear(nodes, n_words)

    def reset_state(self):
        self.l1.reset_state()
        self.l2.reset_state()

    def __call__(self, x):
        h0 = self.embed(x)
        h1 = self.l1(h0)
        h2 = self.l2(h1)
        y = self.l3(h2)
        return y
```

このクラスではPythonの「**train_ptb**」サンプルと同様に、2層のLSTM層と1層の全結合層を持つRNNを作成しています。LSTMとは基本のRNNを改良して、長い文章でもステータスを保存できるようにしたニューラルネットワークのことで、Chainerでは上のコードのように、標準で利用できる層として用意されています。

147

■ SECTION-018 ■ 教師データを学習させる

また、RNNには内部ステータスが存在するので、そのステータスをリセットするためのメソッドを「reset_state」という名前で作成しています。

「Genarate_RNN」クラスのコンストラクタにある「n_words」と「nodes」引数には、文章中に含まれる単語の種類の数と、中間層のノード数を与えます。

◆ データの読み込み

次に、先ほど作成した「all-sentences.txt」ファイルから、数値で記載された文を読み込むコードを作成します。

SOURCE CODE | chapt06-3.pyのコード

```python
# ファイルを読み込む
s = codecs.open('all-sentences.txt', 'r', 'utf8')

# すべての文
sentence = []

# 1行ずつ処理する
line = s.readline()
while line:
  # 1つの文
  one = [0] # 開始文字だけ
  # 行の中の単語を数字のリストにして追加
  one.extend(list(map(int,line.split(','))))
  # 行が終わったところで終端文字を入れる
  one.append(1)
  # 新しい文を追加
  sentence.append(one)
  line = s.readline()
s.close()
```

このコードでは、1行ずつファイルを読み込み、カンマで区切られて文字列を数次のリストに変換して、「one」という変数で定義されている、その行のデータに追加していきます。

各行のデータは整数データのリストであり、必ず「0」で始まり「1」で終わるようになっています。これは、この章で作成するニューラルネットワークでは、「0」を開始文字として、「1」を終端文字として扱うためです。

さらに、すべての文章内にある単語の種類を数える必要がありますが、これは、読み込んだデータの中から最大の値を取得すればよいです。

SOURCE CODE | chapt06-3.pyのコード

```python
# 単語の種類
n_word = max([max(l) for l in sentence]) + 1
```

データは二次元のリストとなっているので、「max」関数を2回使って、各行の最大値のリストを作ってから、そのリスト内の最大値を求めています。

■ SECTION-018 ■ 教師データを学習させる

◆イテレーターの作成

次に、データを処理するためのイテレーターを作成しますが、Chainerではバッチ処理を前提に機械学習の仕組みが作られており、バッチサイズ分のデータを同時に扱う必要があります。

ところが、RNNを使う場合にはそれぞれの学習におけるデータの個数（文の長さに相当する）は、1つひとつ異なっていますが、ここで使用する「SerialIterator」では、バッチ内のデータのサイズは、すべて同じに揃える必要があります。そこで、すべてのデータを最長の文の長さに合わせて、足りない長さは終端文字で埋めたデータを作成することにします。

●データの長さを揃える

| 長さが異なる | <開始文字> | 吾輩 | は | 猫 | で | ある | <終端文字> | |
| | <開始文字> | これ | は | ペン | です | <終端文字> | | |

| 終端文字で埋めて長さを揃える | <開始文字> | 吾輩 | は | 猫 | で | ある | <終端文字> |
| | <開始文字> | これ | は | ペン | です | <終端文字> | <終端文字> |

ちなみに、バッチ内でのサイズさえ同じであればいいわけなので、この処理はバッチサイズを1に固定するのであれば、不要になります。

SOURCE CODE ‖ chapt06-3.pyのコード

```
# 最長の文の長さ
l_max = max([len(l) for l in sentence])
# バッチ処理の都合で全て同じ長さに揃える必要がある
for i in range(len(sentence)):
    # 足りない長さは終端文字で埋める
    sentence[i].extend([1]*(l_max-len(sentence[i])))
```

データの長さを揃えたら、前章と同じくChainerに用意されている「SerialIterator」を使用して、イテレーターを作成します。

SOURCE CODE ‖ chapt06-3.pyのコード

```
# Iteratorを作成
train_iter = iterators.SerialIterator(sentence, batch_size, shuffle=False)
```

「SerialIterator」に渡すデータセットの中身は、この後で作成するカスタムUpdaterの中で取得することになります。

149

■ SECTION-018 ■ 教師データを学習させる

▶機械学習を行う

次に、実際に機械学習を行うためのコードを作成していきます。

◆カスタムUpdaterを作成する

前章ではChainerが標準で用意している「StandardUpdater」を利用しましたが、ここでは1回のミニバッチで、現在の単語と次の単語を順番に学習するように、専用のUpdaterを作成します。

まずは次のように、「StandardUpdater」の子クラスとして、「RNNUpdater」という名前のクラスを定義し、「update_core」というメソッドを作成します。

SOURCE CODE || chapt06-3.pyのコード

```
# カスタムUpdaterのクラス
class RNNUpdater(training.StandardUpdater):

    def __init__(self, train_iter, optimizer, device):
        super(RNNUpdater, self).__init__(
            train_iter,
            optimizer,
            device=device
        )

    def update_core(self):
```

この「update_core」メソッドに機械学習を行うためのコードを作成していきます。

まずは次のように、Updaterに設定されたIteratorとOptimizer、ニューラルネットワークのモデルを取得します。

SOURCE CODE || chapt06-3.pyのコード

```
# IteratorとOptimizerを取得
train_iter = self.get_iterator('main')
optimizer = self.get_optimizer('main')
# ニューラルネットワークを取得
model = optimizer.target
```

イテレーターからデータを1バッチ分取得するには、次のようにします。先ほど作成したイテレーターには、文のデータとなるリストの全リストを渡したので、取得できるデータは文のデータとなるリストのバッチ分のリストとなります。

SOURCE CODE || chapt06-3.pyのコード

```
# 文を一バッチ取得
x = train_iter.__next__()
```

そして、文の長さだけ繰り返して単語を取得し、RNNへと入力します。取得した単語は1つひとつニューラルネットワークに順伝播させていきますが、バッチ処理を行う場合、バッチ分の単語をまとめてリストとしてニューラルネットワークに入力することになります。

■ SECTION-018 ■ 教師データを学習させる

●バッチ処理

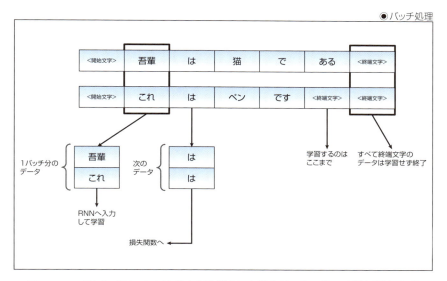

また、ニューラルネットワークの結果から計算された損失は、その場では逆伝播させずに、文が終わるまで「loss」変数に累積させていきます。そして1つの文が終わったら（終端文字が現れたら）、「loss」変数から逆伝播を行い、ニューラルネットワークに新しい重みデータを作成します。

すべての文が終わったら（バッチ内のデータすべてが終端文字になったら）、「loss」変数から逆伝播を行い、ニューラルネットワークに新しい重みデータを作成します。

SOURCE CODE ｜｜ chapt06-3.pyのコード

```
# 累積していく損失
loss = 0

# RNNのステータスをリセットする
model.reset_state()

# 文の長さだけ繰り返しRNNに学習
for i in range(len(x[0])-1):
    # バッチ処理用の配列に
    batch = cp.array([s[i] for s in x], dtype=cp.int32)
    # 正解データ（次の文字）の配列
    t = cp.array([s[i+1] for s in x], dtype=cp.int32)
    # 全部が終端文字ならそれ以上学習する必要はない
    if cp.min(batch) == 1 and cp.max(batch) == 1:
        break
    # 1つRNNを実行
    y = model(batch)
    # 結果との比較
    loss += F.softmax_cross_entropy(y, t)
```

■ SECTION-018 ■ 教師データを学習させる

◆機械学習のためのコード

　カスタムUpdaterを作成したら、前章と同じくAdamアルゴリズムを選択してOptimizerを作成し、機械学習を実行します。ここでは、学習の終了条件として、繰り返し回数を30エポックと設定して学習を行うようにしました。

```
SOURCE CODE    chapt06-3.pyのコード

# ニューラルネットワークの作成
model = Genarate_RNN(n_word, 200)

if uses_device >= 0:
    # GPUを使う
    chainer.cuda.get_device_from_id(0).use()
    chainer.cuda.check_cuda_available()
    # GPU用データ形式に変換
    model.to_gpu()

# 誤差逆伝播法アルゴリズムを選択
optimizer = optimizers.Adam()
optimizer.setup(model)

# Iteratorを作成
train_iter = iterators.SerialIterator(sentence, batch_size, shuffle=False)

# デバイスを選択してTrainerを作成する
updater = RNNUpdater(train_iter, optimizer, device=uses_device)
trainer = training.Trainer(updater, (30, 'epoch'), out="result")
# 学習の進展を表示するようにする
trainer.extend(extensions.ProgressBar(update_interval=1))

# 機械学習を実行する
trainer.run()

# 学習結果を保存する
chainer.serializers.save_hdf5( 'chapt06.hdf5', model )
```

　このあたりのコードは、前章までの内容とほぼ同じですので、詳しく解説することはしません。

■ SECTION-018 ■ 教師データを学習させる

◆実際に機械学習を行う

　以上のコードをつなげると、この章で作成した機械学習のためのプログラムは、次のように
なります。

SOURCE CODE | chapt06-3.pyのコード

```python
import chainer
import chainer.functions as F
import chainer.links as L
from chainer import training, datasets, iterators, optimizers
from chainer.training import extensions
import numpy as np
import codecs


batch_size = 10     # バッチサイズ10
uses_device = 0     # GPU#0を使用


# GPU使用時とCPU使用時でデータ形式が変わる
if uses_device >= 0:
  import cupy as cp
else:
  cp = np


# RNNの定義をするクラス
class Genarate_RNN(chainer.Chain):

  def __init__(self, n_words, nodes):
    super(Genarate_RNN, self).__init__()
    with self.init_scope():
      self.embed = L.EmbedID(n_words, n_words)
      self.l1 = L.LSTM(n_words, nodes)
      self.l2 = L.LSTM(nodes, nodes)
      self.l3 = L.Linear(nodes, n_words)

  def reset_state(self):
    self.l1.reset_state()
    self.l2.reset_state()

  def __call__(self, x):
    h0 = self.embed(x)
    h1 = self.l1(h0)
    h2 = self.l2(h1)
    y = self.l3(h2)
    return y


# カスタムUpdaterのクラス
class RNNUpdater(training.StandardUpdater):
```

CHAPTER

06

文章の自動生成

153

■ SECTION-018 ■ 教師データを学習させる

```python
    def __init__(self, train_iter, optimizer, device):
        super(RNNUpdater, self).__init__(
            train_iter,
            optimizer,
            device=device
        )

    def update_core(self):
        # 累積していく損失
        loss = 0

        # IteratorとOptimizerを取得
        train_iter = self.get_iterator('main')
        optimizer = self.get_optimizer('main')
        # ニューラルネットワークを取得
        model = optimizer.target

        # 文を一バッチ取得
        x = train_iter.__next__()

        # RNNのステータスをリセットする
        model.reset_state()

        # 文の長さだけ繰り返しRNNに学習
        for i in range(len(x[0])-1):
            # バッチ処理用の配列に
            batch = cp.array([s[i] for s in x], dtype=cp.int32)
            # 正解データ（次の文字）の配列
            t = cp.array([s[i+1] for s in x], dtype=cp.int32)
            # 全部が終端文字ならそれ以上学習する必要はない
            if cp.min(batch) == 1 and cp.max(batch) == 1:
                break
            # 1つRNNを実行
            y = model(batch)
            # 結果との比較
            loss += F.softmax_cross_entropy(y, t)

        # 重みデータを一旦リセットする
        optimizer.target.cleargrads()
        # 誤差関数から逆伝播する
        loss.backward()
        # 新しい重みデータでアップデートする
        optimizer.update()

# ファイルを読み込む
s = codecs.open('all-sentences.txt', 'r', 'utf8')
```

■ SECTION-018 ■ 教師データを学習させる

```python
# すべての文
sentence = []

# 1行ずつ処理する
line = s.readline()
while line:
    # 1つの文
    one = [0] # 開始文字だけ
    # 行の中の単語を数字のリストにして追加
    one.extend(list(map(int,line.split(','))))
    # 行が終わったところで終端文字を入れる
    one.append(1)
    # 新しい文を追加
    sentence.append(one)
    line = s.readline()
s.close()

# 単語の種類
n_word = max([max(l) for l in sentence]) + 1

# 最長の文の長さ
l_max = max([len(l) for l in sentence])
# バッチ処理の都合で全て同じ長さに揃える必要がある
for i in range(len(sentence)):
    # 足りない長さは終端文字で埋める
    sentence[i].extend([1]*(l_max-len(sentence[i])))

# ニューラルネットワークの作成
model = Genarate_RNN(n_word, 200)

if uses_device >= 0:
    # GPUを使う
    chainer.cuda.get_device_from_id(0).use()
    chainer.cuda.check_cuda_available()
    # GPU用データ形式に変換
    model.to_gpu()

# 誤差逆伝播法アルゴリズムを選択
optimizer = optimizers.Adam()
optimizer.setup(model)

# Iteratorを作成
train_iter = iterators.SerialIterator(sentence, batch_size, shuffle=False)

# デバイスを選択してTrainerを作成する
updater = RNNUpdater(train_iter, optimizer, device=uses_device)
trainer = training.Trainer(updater, (30, 'epoch'), out="result")
```

CHAPTER
06
文章の自動生成

155

■ SECTION-018 ■ 教師データを学習させる

```
# 学習の進展を表示するようにする
trainer.extend(extensions.ProgressBar(update_interval=1))

# 機械学習を実行する
trainer.run()

# 学習結果を保存する
chainer.serializers.save_hdf5( 'chapt06.hdf5', model )
```

このプログラムを実行すると、次のように表示され、機械学習が進みます。

```
$ python3 chapt06-3.py
     total [................................................]  1.09%
this epoch [###############................................] 32.79%
        14 iter, 0 epoch / 30 epochs
    2.0103 iters/sec. Estimated time to finish: 0:10:30.265924.
```

この学習には少々の時間を必要としますが、学習が終了すると「chapt06.hdf5」という名前で学習結果となるデータが保存されます。

SECTION-019
文章を自動生成する

▶学習したモデルを使う

　ニューラルネットワークの学習が完了したら、学習したモデルを使用して実際に文章を自動生成してみます。

　それには、先ほど学習したRNNに最初の単語を入力して、そこから出力される単語を文の次の単語とすることになります。ここで基本となるアイデアは、RNNの出力を、文の次の単語とすると同時に、RNNの次の入力とすることです。

　次の図はその様子を表したもので、図中にあるニューラルネットワークは実際には1つのRNNであり、横方向の矢印は時系列を表しています。

●文章自動生成の出力

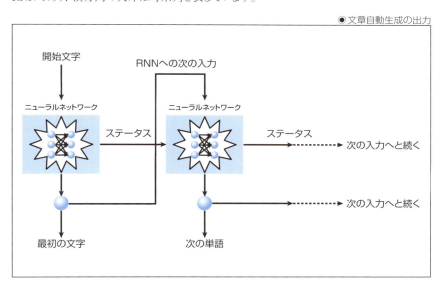

　これにより、RNN内の現在のステータスを変化させつつ、最初の単語からRNNが生成する単語の出現確率をチェーンのように出力させることができます。そして、RNNが終端文字を出力したら、そこで1つの文が終わります。

◆データとモデルの用意

　ニューラルネットワークが出力するデータは、単語の出現確率のリストなので、文章を生成するためにはそのリストから実際の単語を取得しなければなりません。すべての単語と単語の番号は「all-words.txt」ファイルに保存されているので、それを次のコードで読み込みます。

■ SECTION-019 ■ 文章を自動生成する

SOURCE CODE | chapt06-4.pyのコード

```python
# ファイルを読み込む
w = codecs.open('all-words.txt', 'r', 'utf8')

# 単語の一覧
words = {}

# 1行ずつ処理する
line = w.readline()
while line:
  # 行の中の単語をリストする
  l = line.split(',')
  if len(l) >= 2:
    words[int(l[0])] = l[1].strip()
  line = w.readline()
w.close()
```

　また、ニューラルネットワークを作成して、保存しておいたモデルを読み込みます。GPUを使用する場合にはモデルのデータをGPU用のものに変換する必要もあります。

SOURCE CODE | chapt06-4.pyのコード

```python
# ニューラルネットワークの作成
model = Genarate_RNN(len(words)+2, 200)

# 学習結果を読み込む
chainer.serializers.load_hdf5( 'chapt06.hdf5', model )

if uses_device >= 0:
  # GPUを使う
  chainer.cuda.get_device_from_id(0).use()
  chainer.cuda.check_cuda_available()
  # GPU用データ形式に変換
  model.to_gpu()
```

◆ 文章の確率を計算

　それでは実際にRNNを実行して、文章を自動生成していきますが、そのためのアルゴリズムには少々の工夫が存在しています。

　まず、RNNは1つの単語を入力されると、次の単語の出現確率のリストを返します。常に最も確率の高い単語を選択していくのであれば、RNNの出力は1つの文章に決定されますが、生成される文章全体の確率を最適化するには、出現する可能性のあるすべての単語の組み合わせに対して、文章全体の確率を評価しなければなりません。

●文章の確率を計算

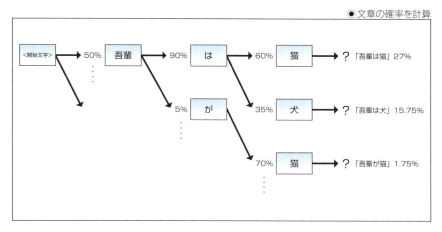

　実際にはあらゆる単語の組み合わせを評価するのは、組み合わせの大きさ的に不可能なので、RNNの出力から確率の高い単語をいくつか選択して、それらの組み合わせに対して文章全体の確率を評価することになります。そのために、文章全体の確率を評価するコードを作成していきますが、まずは次の変数をグローバル変数として定義します。

SOURCE CODE || chapt06-4.pyのコード

```
# 木探索で生成する最大の深さ
words_max = 50
# RNNの実行結果から検索する単語の数
beam_w = 10
# 生成した文のリスト
sentences = []
# 木探索のスタック
model_history = [model]
# 現在生成中の文
cur_sentence = [0]      # 開始文字
# 現在生成中の文のスコア
cur_score = []
# 最大のスコア
max_score = 0
```

　これらの変数のうち、「words_max」と「beam_w」は、生成する文章の最大の長さと、RNNの出力から選択する単語の数とを設定します。
　また、「model_history」「cur_sentence」「cur_score」の変数はスタックとして動作し、そのときに評価している文章の情報が入ります。これは、単語のリストである文章全体は、木構造として表現することができるので、木探索のアルゴリズムを使って文章全体の確率を評価するために使用します。

■ SECTION-019 ■ 文章を自動生成する

◉ 木探索とスタックの動き

　木探索ではスタックに現在の「枝」の情報を積み上げながら、すべての「枝」をたどるように再帰関数を呼び出します。

　スタックに積み上げる情報は、現在生成中の文章と文章のスコアの履歴、それにRNNのその時点でのステータスとなります。これはRNNが内部にステータスを持つために必要なスタックで、木探索が異なる「枝」に処理を移すときに、RNNのステータスもその「枝」を処理する時点の状態に戻す必要があるからです。

　Chainerではニューラルネットワークの情報は、「copy」メソッドでコピーすることができるので、それを使って新しいインスタンスを作成し、新しい「枝」で更新されたステータスをスタックに積み上げるようにします。

　このコードは少々長くなるので、順を追って説明します。まず上記の木探索の処理となる、再帰関数のみのコードは、次のようになります。

SOURCE CODE || chapt06-4.pyのコード

```
# 再帰関数の木探索
def Tree_Traverse():
    (略 - ここで生成された文章を評価する)
    # 現在の単語を取得する
    cur_word = cur_sentence[-1]
    # 現在のニューラルネットワークのステータスをコピーする
    cur_model = model_history[-1].copy()
    (略 - ここで新しい単語の候補を取得する)
```

■ SECTION-019 ■ 文章を自動生成する

```
# 現在のニューラルネットワークのステータスを保存する
model_history.append(cur_model)
# 結果から上位のものを次の枝に回す
for i in range(beam_w):
    # 現在生成中の文に一文字追加する
    cur_sentence.append(p[i])
    # 現在生成中の文のスコアに一つ追加する
    cur_score.append(result[p[i]])
    # 再帰呼び出し
    Tree_Traverse()
    # 現在生成中の文を1つ戻す
    cur_sentence.pop()
    # 現在生成中の文のスコアを1つ戻す
    cur_score.pop()
# ニューラルネットワークのステータスを1つ戻す
model_history.pop()
```

　上記のコードでは、再帰関数が一度、呼び出されるたびに、1つ下の「枝」へと処理移ります。
　そして、「**(略 - ここで生成された文章を評価する)**」という箇所で文章の評価を行い、1つの文章が完成していればそこで処理を止め、再帰関数を抜けます。すると、呼び出し元の処理、つまり1つ上の「枝」へと戻って次の「枝」へと処理が移ります。
　そのためのコードは次のようになります。

SOURCE CODE ‖ chapt06-4.pyのコード

```
global max_score
# 現在の単語を取得する
cur_word = cur_sentence[-1]
# 文のスコア
score = np.prod(cur_score)
# 現在の文の長さ
deep = len(cur_sentence)
# 枝刈り - 単語数が5以上で最大スコアの6割以下なら、終わる
if deep > 5 and max_score * 0.6 > score:
    return
# 終了文字か、最大の文の長さ以上なら、文を追加して終わる
if cur_word == 1 or deep > words_max:
    # 文のデータをコピー
    data = np.array(cur_sentence)
    # 文を追加
    sentences.append((score, data))
    # 最大スコアを更新
    if max_score < score:
        max_score = score
    return
```

■ SECTION-019 ■ 文章を自動生成する

　実際にはすべての「枝」を評価するのでは検索数が多くなりすぎるので、**枝刈り**と呼ばれる
テクニックを使って評価する「枝」の数を減らしています。ここで実装した枝刈りでは、単語数
が5以上で最大スコアの6割以下なら、それ以降の「枝」を評価せず、すぐに再帰関数を抜け
るようにしています。

　次に、「（略 – ここで**新しい単語の候補を取得する**）」とある部分で、実際にRNNを呼び
出し、その結果から次の単語の出現確率を取得します。そのためのコードは次のようになります。

```
SOURCE CODE | chapt06-4.pyのコード
# 入力値を作る
x = cp.array([cur_word], dtype=cp.int32)
# ニューラルネットワークに入力する
y = cur_model(x)
# 実行結果を正規化する
z = F.softmax(y)
# 結果のデータを取得
result = z.data[0]
if uses_device >= 0:
  result = chainer.cuda.to_cpu(result)
# 結果を確立順に並べ替える
p = np.argsort(result)[::-1]
```

　「F.softmax」関数でニューラルネットワークの出力を正規化すると、その中のデータが出現
確率のリストになっている点は前章で作成したものと同じです。ここではその結果を、出現確率
の高い順に並べ替えて、「p」に出現確率のリストに対するインデックスのリストを作成します。

◆ 生成した文章を表示する

　以上でRNNの出力を評価するためのコードは完成です。最後に生成した文章を表示する
ためのコードを作成します。

```
SOURCE CODE | chapt06-4.pyのコード
# 木検索して文章を生成する
Tree_Traverse()

# スコアの高いものから順に表示する
result_set = sorted(sentences, key=lambda x: x[0])[::-1]
# 10個または全部の少ない方の数だけ表示
for i in range(min([10,len(result_set)])):
  # 結果を取得
  s, l = result_set[i]
  r = str(s) + '\t'
  for w in l:
    if w > 1:
      r += words[w]
  r += '\n'
  # 実行結果を表示する
```

```
sys.stdout.buffer.write(r.encode('utf-8'))
sys.stdout.buffer.flush()
```

　先ほど作成した「Tree_Traverse」関数を呼び出すと、「sentences」変数に生成された文章のリスト（スコアと単語番号のタプル）が入っているので、それをスコアの順にソートし、最大10個の文章を表示します。

◆ 文章の自動生成を行う

　以上の内容をすべてつなげると、文章の自動生成を行うプログラムのコードは、次のようになります。

SOURCE CODE | chapt06-4.pyのコード

```
import chainer
import chainer.functions as F
import chainer.links as L
from chainer import training, datasets, iterators, optimizers
from chainer.training import extensions
import numpy as np
import sys
import codecs

uses_device = 0     # GPU#0を使用

# GPU使用時とCPU使用時でデータ形式が変わる
if uses_device >= 0:
    import cupy as cp
    import chainer.cuda
else:
    cp = np

sys.stdout = codecs.getwriter('utf_8')(sys.stdout)

# RNNの定義をするクラス
class Genarate_RNN(chainer.Chain):

    def __init__(self, n_words, nodes):
        super(Genarate_RNN, self).__init__()
        with self.init_scope():
            self.embed = L.EmbedID(n_words, n_words)
            self.l1 = L.LSTM(n_words, nodes)
            self.l2 = L.LSTM(nodes, nodes)
            self.l3 = L.Linear(nodes, n_words)

    def reset_state(self):
        self.l1.reset_state()
        self.l2.reset_state()
```

■ SECTION-019 ■ 文章を自動生成する

```python
    def __call__(self, x):
        h0 = self.embed(x)
        h1 = self.l1(h0)
        h2 = self.l2(h1)
        y = self.l3(h2)
        return y

# ファイルを読み込む
w = codecs.open('all-words.txt', 'r', 'utf8')

# 単語の一覧
words = {}

# 1行ずつ処理する
line = w.readline()
while line:
    # 行の中の単語をリストする
    l = line.split(',')
    if len(l) >= 2:
        words[int(l[0])] = l[1].strip()
    line = w.readline()
w.close()

# ニューラルネットワークの作成
model = Generate_RNN(len(words)+2, 200)

# 学習結果を読み込む
chainer.serializers.load_hdf5( 'chapt06.hdf5', model )

if uses_device >= 0:
    # GPUを使う
    chainer.cuda.get_device_from_id(0).use()
    chainer.cuda.check_cuda_available()
    # GPU用データ形式に変換
    model.to_gpu()

# 木探索で生成する最大の深さ
words_max = 50
# RNNの実行結果から検索する単語の数
beam_w = 10
# 生成した文のリスト
sentences = []
# 木探索のスタック
model_history = [model]
# 現在生成中の文
cur_sentence = [0]      # 開始文字
```

CHAPTER
06

文章の自動生成

164

■ SECTION-019 ■ 文章を自動生成する

```python
# 現在生成中の文のスコア
cur_score = []
# 最大のスコア
max_score = 0


# 再帰関数の木探索
def Tree_Traverse():
  global max_score
  # 現在の単語を取得する
  cur_word = cur_sentence[-1]
  # 文のスコア
  score = np.prod(cur_score)
  # 現在の文の長さ
  deep = len(cur_sentence)
  # 枝刈り - 単語数が5以上で最大スコアの6割以下なら、終わる
  if deep > 5 and max_score * 0.6 > score:
    return
  # 終了文字か、最大の文の長さ以上なら、文を追加して終わる
  if cur_word == 1 or deep > words_max:
    # 文のデータをコピー
    data = np.array(cur_sentence)
    # 文を追加
    sentences.append((score, data))
    # 最大スコアを更新
    if max_score < score:
      max_score = score
    return
  # 現在のニューラルネットワークのステータスをコピーする
  cur_model = model_history[-1].copy()
  # 入力値を作る
  x = cp.array([cur_word], dtype=cp.int32)
  # ニューラルネットワークに入力する
  y = cur_model(x)
  # 実行結果を正規化する
  z = F.softmax(y)
  # 結果のデータを取得
  result = z.data[0]
  if uses_device >= 0:
    result = chainer.cuda.to_cpu(result)
  # 結果を確立順に並べ替える
  p = np.argsort(result)[::-1]
  # 現在のニューラルネットワークのステータスを保存する
  model_history.append(cur_model)
  # 結果から上位のものを次の枝に回す
  for i in range(beam_w):
    # 現在生成中の文に1文字追加する
    cur_sentence.append(p[i])
```

CHAPTER

06

文章の自動生成

165

■ SECTION-019 ■ 文章を自動生成する

```python
    # 現在生成中の文のスコアに1つ追加する
    cur_score.append(result[p[i]])
    # 再帰呼び出し
    Tree_Traverse()
    # 現在生成中の文を1つ戻す
    cur_sentence.pop()
    # 現在生成中の文のスコアを1つ戻す
    cur_score.pop()
  # ニューラルネットワークのステータスを1つ戻す
  model_history.pop()


# 木検索して文章を生成する
Tree_Traverse()


# スコアの高いものから順に表示する
result_set = sorted(sentences, key=lambda x: x[0])[::-1]
# 10個または全部の少ない方の数だけ表示
for i in range(min([10,len(result_set)])):
  # 結果を取得
  s, l = result_set[i]
  r = str(s) + '\t'
  for w in l:
    if w > 1:
      r += words[w]
  r += '\n'
  # 実行結果を表示する
  sys.stdout.buffer.write(r.encode('utf-8'))
  sys.stdout.buffer.flush()
```

　このプログラムを実行すると、最大10個の文章が自動生成され、スコアとともに表示されます。先ほどの学習側のコードでは、30エポック分の学習を行うようにしていましたが、10～30エポック学習させた際の結果は、次のようになりました。

◉10エポック学習させた場合

```
0.00254306   新規の執筆や他言語版からの翻訳が望まれます
1.05936e-05  アリスがある
6.5209e-06   そこになる
2.3655e-06   前作である
1.57308e-06  そこである
1.50877e-06  キャロルがある
1.41269e-06  前作がある
8.41034e-07  アリスになる
7.91172e-07  前作になる
7.88105e-07  アリスである
```

■ SECTION-019 ■ 文章を自動生成する

◉20エポック学習させた場合

0.0185291	新規の執筆や他言語版からの翻訳が望まれます
6.01054e-05	しかし運ばれてきた
2.72125e-05	前作同様
2.51088e-05	前作と同様
2.09971e-05	アリスが女王になる
1.27141e-05	前作と思わ
7.60207e-06	前作を参照
7.46927e-06	その時
7.37711e-06	その一方で
5.61369e-06	『パブリッシャー・サーキュラー』

◉30エポック学習させた場合

0.0223351	新規の執筆や他言語版からの翻訳が望まれます
0.000337961	キャロル自筆の原本は現在大英博物館大英博物館に収蔵されている
0.000317895	この行程はオックスフォードオックスフォード近郊のフォーリー橋から始まり、マイル離れたゴッドストウ村で終わった
0.000291333	アリスがスピーチをはじめようとすると、食器や女王たちが変形しはじめあたりは大混乱に陥る
0.000241758	アリスがそれを飲むと、身長が約に縮んだ
0.000178239	アリスは困って泣き出し、その大量の涙であたりに池ができる
0.000176959	『鏡の国のアリス』が発表されている
0.000161242	アリスは、陪審員の動物たちに混じって裁判を見物する
0.000120329	アリスは、キノコを少しずつかじり調節しながら元の大きさに戻る
1.23427e-05	前作である

　スコアが最も高い「新規の執筆や他言語版からの翻訳が望まれます」というのはWikipediaの注釈のテンプレート文で、教師データとして使用したコーパス中に大量に含まれていたためこのような結果となりました。

　しかし、それ以降の文章では、学習回数が30エポックからはほぼ自然に見える文章が生成されていることがわかります。

　実は、文章のスコアを計算している箇所で、すべての単語の確率を掛け合わせた値を文章のスコアとしているので、生成される文章が短いほどスコアは高くなることになります。そのため、学習回数が小さければ早く終端文字が登場するような文章が高いスコアになるのですが、学習回数を増やしていけば、開始文字から終端文字が登場するまでにある程度の長さの文章が生成されるようになります。

■ SECTION-019 ■ 文章を自動生成する

COLUMN
ディープラーニングが黒魔術と呼ばれる理由

　本書で紹介する人工知能には、ニューラルネットワークの初期値や学習の方法など、さまざまなパラメーターが存在しています。

　それらのパラメーターセットについては、参考文献にある論文で紹介されたものをほぼそのまま使用したのですが、では、それらのパラメーターを変更すると、どのような結果になるのでしょうか。

　下図は、CHAPTER 04で作成した画像の自動生成AIにおいて、ニューラルネットワーク内のパラメーターを変更して動作をチェックしたときの生成画像です。

　変更箇所は、ニューラルネットワーク内にノイズを加える方法であったり、D-NetworkとG-Networkの初期値であったりとさまざまなのですが、パラメーターを少し変更するだけで、結果となる生成画像が大きく変わりました。

　そして悩ましいのは、正しく動作するパラメーターの範囲が狭く、かつ、パラメーターの変更箇所と結果との相関関係が直感的には理解しにくいものである点です。

　そのため、ほんの少しAIの動作を変更させるだけであっても、正しく動作するパラメーターセットを発見するために、かなりの試行錯誤が必要になってしまいます。

　そのような、内部の動作を完全に理解できないまま試行錯誤によって正しく動作するパラメーターセットを発見する開発スタイルを指して、ディープラーニング開発を「黒魔術」と呼ぶこともあります。

●パラメーターによる生成画像の例

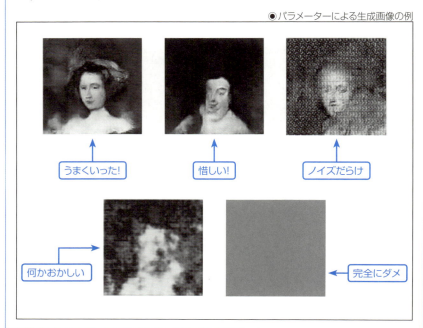

CHAPTER 07

意味のある文章の自動生成

SECTION-020

品詞の並びを推測する

▶ 品詞の登場する順序を学習する

　前章で作成したプログラムは、番号として表現された単語のつながり方を操作しているだけであり、単語の言葉としての意味については何も考慮していませんでした。教師データとなる文章が十分に大きくなれば別なのかもしれませんが、そのままでは、日本語としての体裁をなさない文が生成されるか、過学習が起こり、もとの教師データとほぼ同じ文が生成されるだけになりがちです。

　そこでこの章では、前章の内容を改良して、文の言葉としての意味について扱いながら、文章を自動生成するプログラムを作成します。

◆ 形態素解析で品詞を取得する

　文の意味について扱うには、まずは文を構成している単語の意味について理解しなければなりません。一口に「単語の意味」といってもさまざまなものが考えられますが、たとえば、形態素解析で取得できる品詞の種類も、単語の意味の1つです。

　前章では、形態素解析は文を単語のリストへと変換するためだけに使用し、形態素解析から取得できる品詞の種類は使用していませんでした。そこでまずは、単語をリスト化するだけではなく、品詞の種類も含めて形態素解析することにします。

　まずは前章で作成した「alice.txt」をコピーし、次のコマンドを実行します。

```
$ cat alice.txt | mecab > all-hinshi.txt
```

　すると「all-hinshi.txt」というファイルが作成されます。「head」コマンドを使用してこのファイルの内容をのぞいてみると、次のように1行に単語が1つずつ、品詞などの情報とともに保存されています。

```
$ head -n5 all-hinshi.txt
『       記号,括弧開,*,*,*,*,『,『,『
不思議  名詞,形容動詞語幹,*,*,*,*,不思議,フシギ,フシギ
の      助詞,連体化,*,*,*,*,の,ノ,ノ
国      名詞,一般,*,*,*,*,国,クニ,クニ
の      助詞,連体化,*,*,*,*,の,ノ,ノ
```

　前章では改行で認識していた文の終わりについては、次のように、「EOS」という文字で表されています。

```
書い       動詞,自立,*,*,五段・カ行イ音便,連用タ接続,書く,カイ,カイ
た         助動詞,*,*,*,特殊・タ,基本形,た,タ,タ
児童       名詞,一般,*,*,*,*,児童,ジドウ,ジドー
小説       名詞,一般,*,*,*,*,小説,ショウセツ,ショーセツ
EOS
```

■SECTION-020 ■ 品詞の並びを推測する

◆品詞と単語を同時にリストする

　形態素解析で「all-hinshi.txt」ファイルを作成したら、次は文章中に含まれているすべての品詞を抽出し、文章内の単語を、品詞の種類からなるリストに変換します。そのためのプログラムは、CHAPTER 03で作成したものを「all-hinshi.txt」ファイルの形式に合わせて変更したもので、次のようになります。

SOURCE CODE ‖ chapt07-1.pyのコード

```python
# -*- coding: utf-8 -*-

import codecs


# まずは、すべての単語のリストを作成する

# 現在の品詞の数
ws = 0
# 単語の品詞のリスト
wccs = {}
# 品詞リスト
wcs = {}


# ファイルを読み込む
f = codecs.open('all-hinshi.txt', 'r', 'utf8')


# 1行ずつ処理する
line = f.readline()
while line:
  l = line.strip()
  if len(l) > 0:
    # 終端文字ではない
    if l != 'EOS':
      # 単語と品詞を取得する
      n = l.split('\t')
      if len(n) == 2:
        m = ",".join(n[1].split(',')[:6])
        if m not in wcs:
          # 0は開始文字、1は終端文字とするので2から
          wcs[m] = ws + 2
          ws = ws + 1
        wccs[n[0]] = wcs[m]
  line = f.readline()


# 単語と品詞インデックスの表を保存する
r = codecs.open('all-words-parses.txt', 'w', 'utf8')
for w in wccs:
  r.write(str(wccs[w]) + ',' + w + '\n')
r.close()
```

CHAPTER 07
意味のある文章の自動生成

171

■ SECTION-020 ■ 品詞の並びを推測する

```python
# 次に、文章を品詞インデックスのリストに変換する

# ファイルのはじめに戻ってもう一度
f.seek(0)

# 単語インデックスで作られた文を保存する
r = codecs.open('all-sentences-parses.txt', 'w', 'utf8')

# 1行ずつ処理する
line = f.readline()
# 連続する終端文字の数
n_eos = 0
# 連続する単語の数
n_words = 0
while line:
  l = line.strip()
  if len(l) > 0:
    # 終端文字
    if l == 'EOS':
      if n_eos == 0:
        r.write('\n')
      n_eos = n_eos + 1
      n_words = 0
    # 終端文字ではない
    else:
      # 単語と品詞を取得する
      n = l.split('\t')
      if len(n) == 2:
        if n_words > 0:
          r.write(',')
        n_eos = 0
        n_words = n_words + 1
        m = n[1].split(',')
        if len(m) > 1:
          # 単語と品詞を保存する
          r.write(str(wccs[n[0]]))
  line = f.readline()
f.close()
r.close()
```

　プログラムの内容は単純で、「all-hinshi.txt」ファイルから1行ずつ読み込み、単語の部分と品詞の部分を取得しディクショナリを作成、その後、もう一度、ファイルの最初から単語を読み込んで、その単語の品詞の番号を出力していくだけです。

　プログラムを作成後、次のコマンドを実行します。

```
$ python3 chapt07-1.py
```

■ SECTION-020 ■ 品詞の並びを推測する

　すると、次のように、「all-sentences-parses.txt」ファイルの中には文章の品詞のリストが保存され、「all-words-parses.txt」ファイルの中には文章内のすべての単語とその品詞のリストが保存されます。

```
$ head -n5 all-sentences-parses.txt
2,3,4,5,4,6,7,2,5,4,5,4,6,8,5,9,7,10,8,9,9,4,5,11,5,11,6,12,5,13,5,4,5,13,14,15,5,5
5,5
16,5,6,3,4,5,4,5,13,5,5,3,4,5,4,6,5,5,13,17,18,3,4,5,13,19,8,20,5,21,22,5,23,3,24,5,11,
13,25,18,26,5,13,27,28,29,13,14,18,30
6,13,5,4,5,5,4,31,13,5,13,32,18,33,34,15,5,13,29,13,32,18,35,8,6,10,26,5,13,27,4,5,13,3
6,18,37,13,27,28,5,8,5,11,4,5,13,27,38,34,18,27,13,32,15
39,13,10,5,40,2,5,4,5,4,6,5,4,5,4,6,7,13,27,38,34,18,30
$ head -n5 all-words-parses.txt
5,煙突
29,次いで
5,首
5,主人公
5,間
```

◆ RNNで品詞の並びを学習する

　「all-sentences-parses.txt」と「all-words-parses.txt」のファイルを作成したら、次はニューラルネットワークに品詞の並び順を学習させます。学習のためのプログラムは、CHAPTER 06で作成したものとほぼ同じで、異なっている点は、使用するファイルの名前と、ニューラルネットワーク内のノードの数及び学習回数のみです。使用される品詞の種類は、単語全体の種類に比べて少ないので、ここではノード数を20と減らし、その代わりに学習回数を200エポックとしました。

SOURCE CODE ‖ chapt07-2.pyのコード

```python
import chainer
import chainer.functions as F
import chainer.links as L
from chainer import training, datasets, iterators, optimizers
from chainer.training import extensions
import numpy as np
import codecs

batch_size = 10      # バッチサイズ10
uses_device = 0      # GPU#0を使用

# GPU使用時とCPU使用時でデータ形式が変わる
if uses_device >= 0:
    import cupy as cp
else:
    cp = np
```

173

■ SECTION-020 ■ 品詞の並びを推測する

```python
# RNNの定義をするクラス
class Parses_Genarate_RNN(chainer.Chain):

    def __init__(self, n_words, nodes):
        super(Parses_Genarate_RNN, self).__init__()
        with self.init_scope():
            self.embed = L.EmbedID(n_words, n_words)
            self.l1 = L.LSTM(n_words, nodes)
            self.l2 = L.LSTM(nodes, nodes)
            self.l3 = L.Linear(nodes, n_words)

    def reset_state(self):
        self.l1.reset_state()
        self.l2.reset_state()

    def __call__(self, x):
        h0 = self.embed(x)
        h1 = self.l1(h0)
        h2 = self.l2(h1)
        y = self.l3(h2)
        return y


# カスタムUpdaterのクラス
class RNNUpdater(training.StandardUpdater):

    def __init__(self, train_iter, optimizer, device):
        super(RNNUpdater, self).__init__(
            train_iter,
            optimizer,
            device=device
        )

    def update_core(self):
        # 累積していく損失
        loss = 0

        # IteratorとOptimizerを取得
        train_iter = self.get_iterator('main')
        optimizer = self.get_optimizer('main')
        # ニューラルネットワークを取得
        model = optimizer.target

        # 文を一バッチ取得
        x = train_iter.__next__()

        # RNNのステータスをリセットする
        model.reset_state()
```

174

■ SECTION-020 ■ 品詞の並びを推測する

```python
    # 文の長さだけ繰り返しRNNに学習
    for i in range(len(x[0])-1):
        # バッチ処理用の配列に
        batch = cp.array([s[i] for s in x], dtype=cp.int32)
        # 正解データ（次の文字）の配列
        t = cp.array([s[i+1] for s in x], dtype=cp.int32)
        # 全部が終端文字ならそれ以上学習する必要はない
        if cp.min(batch) == 1 and cp.max(batch) == 1:
            break
        # 1つRNNを実行
        y = model(batch)
        # 結果との比較
        loss += F.softmax_cross_entropy(y, t)

    # 重みデータを一旦リセットする
    optimizer.target.cleargrads()
    # 誤差関数から逆伝播する
    loss.backward()
    # 新しい重みデータでアップデートする
    optimizer.update()

# ファイルを読み込む
s = codecs.open('all-sentences-parses.txt', 'r', 'utf8')

# すべての文
sentence = []

# 1行ずつ処理する
line = s.readline()
while line:
    # 1つの文
    one = [0] # 開始文字だけ
    # 行の中の単語を数字のリストにして追加
    one.extend(list(map(int,line.split(','))))
    # 行が終わったところで終端文字を入れる
    one.append(1)
    # 新しい文を追加
    sentence.append(one)
    line = s.readline()
s.close()

# 単語の種類
n_word = max([max(l) for l in sentence]) + 1

# 最長の文の長さ
l_max = max([len(l) for l in sentence])
```

CHAPTER 07

意味のある文章の自動生成

175

■ SECTION-020 ■ 品詞の並びを推測する

```python
# バッチ処理の都合ですべて同じ長さに揃える必要がある
for i in range(len(sentence)):
    # 足りない長さは終端文字で埋める
    sentence[i].extend([1]*(l_max-len(sentence[i])))

# ニューラルネットワークの作成
model = Parses_Genarate_RNN(n_word, 20)

if uses_device >= 0:
    # GPUを使う
    chainer.cuda.get_device_from_id(0).use()
    chainer.cuda.check_cuda_available()
    # GPU用データ形式に変換
    model.to_gpu()

# 誤差逆伝播法アルゴリズムを選択
optimizer = optimizers.Adam()
optimizer.setup(model)

# Iteratorを作成
train_iter = iterators.SerialIterator(sentence, batch_size, shuffle=False)

# デバイスを選択してTrainerを作成する
updater = RNNUpdater(train_iter, optimizer, device=uses_device)
trainer = training.Trainer(updater, (200, 'epoch'), out="result")
# 学習の進展を表示するようにする
trainer.extend(extensions.ProgressBar(update_interval=1))

# 機械学習を実行する
trainer.run()

# 学習結果を保存する
chainer.serializers.save_hdf5( 'chapt07.hdf5', model )
```

このプログラムを実行すると、次のように表示され、機械学習が進みます。

```
$ python3 chapt07-2.py
     total [................................................]  0.34%
this epoch [#############################................] 67.92%
        29 iter, 0 epoch / 200 epochs
     2.4394 iters/sec. Estimated time to finish: 0:58:08.957561.
```

学習が終了すると「chapt07.hdf5」という名前で学習結果となるデータが保存されます。

SECTION-021

文章の意味を推測する

▶ 単語のベクトル化とは

　品詞の並び順をRNNで生成しても、そこから単語そのものを選択する機能がなければ、実際に文章を生成することはできません。

　マルコフ連鎖などの統計的手法と組み合わせれば、ある程度、自然な文章を生成することは可能なのですが、本書はディープラーニングの応用を紹介する書籍なので、マルコフ連鎖に頼らず、別の手法で意味のある文章を生成できないか解説します。

◆ Word2Vecとは

　意味のある文章を生成するためには、単語の意味を扱う必要があります。プログラム的に単語の意味を扱うためには、何らかの形でその単語の「意味」をデジタルデータ化しなければなりません。単語の意味をデータ化する手法としては、あたかじめ人間が用意しておいた辞書を使う方法や、教師データとなる文章から機械学習によって「意味」と思われる要素を抽出する方法があります。

　Word2Vecは、米グーグルの研究者であるトマス・ミコロフ氏らが提案した手法であり、ディープラーニングの応用の一例です。Word2Vecを使うと、文章から単語をベクトルデータ化することができ、単語ごとに異なっているベクトルに対して、単語間の距離や差分などのベクトル演算を行うことができます。

　単語のベクトルデータ化というものが、どのような概念なのかを示すため、簡単な図を下記に載せます。

●単語のベクトル化

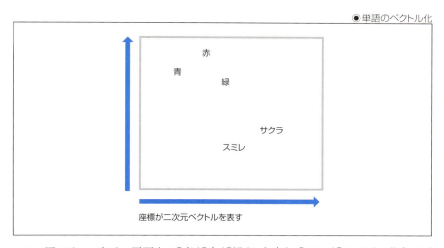

　この図では、二次元の平面上に「青」「赤」「緑」の色名と、「スミレ」「サクラ」の花名がプロットされています。そしてこの図における座標を表す二次元ベクトルが、そのプロットされている単語のベクトルとなります。

■ SECTION-021 ■ 文章の意味を推測する

●ベクトル間の距離

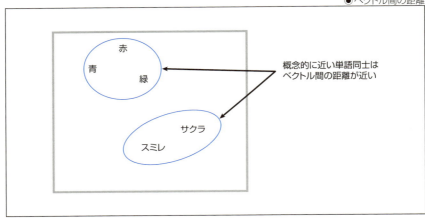

このようにプロットすると、単語のリストがすべて二次元平面へと投射され、単語にはそれ固有のベクトルが割り当てられることになります。そして上図のように、同じ概念に含まれる単語（色名と花名）は、近い場所に位置しており、お互いの距離が近いようになっています。

●ベクトル演算

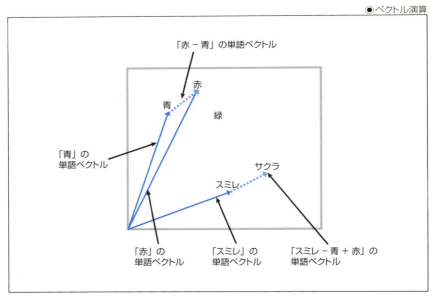

また、上図のように、「スミレ」のベクトルから「青」のベクトルを減算し、「赤」のベクトルを加算すると、「サクラ」のベクトルと近いベクトルになるといったベクトル同士の演算も可能になります。

Word2Vecでは、文章のリストから単語同士の関係性を学習し、上記のような演算を可能とするモデルを作成してくれます。

■ SECTION-021 ■ 文章の意味を推測する

このようなベクトルが、本当に単語の「意味」を表現しているのかとなると難しい問題になってしまいますが、実際に数百次元といった巨大な次元数でベクトルを作成させてみると、Word2Vecは、それなりに筋の通った演算を行ってくれるようです。

Word2Vecの詳細な内容については本書の範囲を超えてしまうので紹介しませんが、興味のある読者は参考文献[7-1][7-2]を参照してください。

なお、単語の意味をデジタルデータ化する手法のうち、あらかじめ人間が用意しておいた辞書を使う方法に関しては、WordNetというプロジェクトで概念のリストと単語を紐付けた辞書が作成されています。日本語版のWordNetは次のURLからアクセスできるので、興味のある読者は参考にしてください。

- 日本語WordNet
  URL http://compling.hss.ntu.edu.sg/wnja/

▶ 単語ベクトルを生成する

Word2Vecそれ自体もディープラーニングの手法を用いているのですが、その詳細については本書の範囲を超えてしまうので、ここでは解説しません。

ここでは、前章で作成した「alice-wakati.txt」のデータを教師データとし、Word2Vecを使用して単語ベクトルの辞書を作成する方法について解説します。

◆ Word2Vecの学習

PythonからWord2Vecを利用するには、「gensim」パッケージを使用します。そこでまずは、次のコマンドを利用して「gensim」パッケージをインストールします。

```
$ pip3 install gensim
```

インストールが完了したら、CHAPTER 06と同じ手順で、単語ごとに分かち書きされたファイルを用意します。ここで用意するファイルは、Word2Vecの教師データとなるファイルなので、必ずしもRNNに学習させるデータと同じでなくとも構いません。しかし、少なくとも、生成させようとする文章に関連した概念が含まれている文章である必要があります。

Word2Vecを学習させるためのプログラムは単純な物で、次のように「gensim」パッケージからword2vecをインポートし、「Word2Vec」関数で単語ベクトルの辞書を作成します。

「Word2Vec」関数の引数には、分かち書きされたファイルから生成できる文のリストと、作成する単語ベクトルの次元数を指定します。

次元数は多ければよいというものではなく、教師データとなる文章の大きさに見合った物である必要があります。ここでは比較的小さな文章から単語ベクトルを作成するので、次元数として「100」を指定します。

次のコードを「chapt07-3.py」の名前で保存し実行すると、「alice-word2vec.model」という名前でWord2Vecのモデルデータが保存されます。

07 CHAPTER
意味のある文章の自動生成

179

■ SECTION-021 ■ 文章の意味を推測する

SOURCE CODE ‖ chapt07-3.pyのコード

```
from gensim.models import word2vec

# 単語ベクトルリストを読み込む
data = word2vec.Text8Corpus('alice-wakati.txt')
word_vec = word2vec.Word2Vec(data, size=100)

word_vec.save('alice-word2vec.model')
```

保存したモデルデータは、次のように読み込んで使用することができます。

```
word_vec = word2vec.Word2Vec.load('alice-word2vec.model')
```

◆ Word2Vecの機能

それではこのWord2Vecを使い、単語の意味を捉えながら文章の自動生成する方法について考えてみます。

まずは、Word2Vecに含まれている機能について解説します。Word2Vecには、単語から生成されるベクトルを使って、特定の単語と意味の近い単語を選択する機能があります。

```
# '不思議','の','国'を加算したベクトルに最も近い単語
word_vec.most_similar(positive=['不思議','の','国'], topn=1)
>>> [('アリス', 0.999901533126831)]
```

これは、語彙リストから単語ベクトル間の距離が短い単語を選択する機能に相当します。

また、意味の近い単語だけではなく、逆に意味の遠い単語を指定することもできて、これは、単語ベクトル間の加算・減算の演算に相当します。次のコードでは、「positive」として指定している単語に意味が近く、「negative」として指定している単語からは意味が遠い単語を選択します。

```
# '小説','本''を足して'映画'を引いたベクトルに最も近い単語
word_vec.most_similar(positive=['小説','本'], negative=['映画'], topn=1)
>>> [('出版', 0.9984614849090576)]
```

さらに、単語のリスト内に存在する「仲間はずれ」な単語を見つけ出したり、単語と単語との親和度を求めることもできます。

```
#「仲間はずれ」な単語を見つける
word_vec.doesnt_match(['キャロル','アリス','女王','スープ','海亀'])
>>> 'スープ'
# 単語同士の親和度を求める
word_vec.similarity('アリス', 'キャロル')
>>> 0.99984269133268144
```

■ SECTION-021 ■ 文章の意味を推測する

　以上のサンプルは、前章で作成した「`alice-wakati.txt`」のデータから学習させたWord2Vecで、実際に出力されたものです。Word2Vecの本来の性能を引き出すためには、もっと長いコーパスを使用するべきなのですが、それには長い計算時間がかかるので、この章では前章で作成した「`alice.txt`」のデータのみを使用してすべての学習を行います。

意味を推測しながら文章を自動生成する

　それでは実際に、Word2Vecで作成した単語ベクトルをもとに、文章の意味を推測しながら単語のリストを自動生成するプログラムを作成します。

◆ 文章生成のアイデア

　Word2Vecを使用して文章を生成する手法については、いくつかの方法が考えられますが、ここでは文章に含まれる単語間の親和度を使って、生成する文章をターゲットとなる文章へ「寄せていく」方法を採ります。

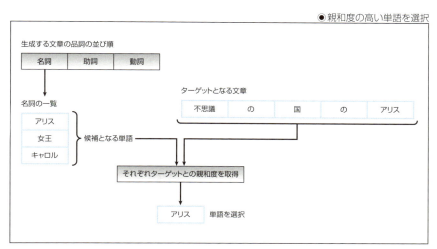

●親和度の高い単語を選択

　上図では、「不思議の国のアリス」という文章をターゲットとして、候補となる単語を選択しています。先ほど学習させたRNNを使用すると、文章の品詞の並び順が生成されるので、まずは生成しようとしている単語の候補を、その品詞から作成します。
　そして、その単語とターゲットとなる文章との親和度の高い単語を選択することで、文章内の単語を選択します。

■ SECTION-021 ■ 文章の意味を推測する

●次の単語を選択

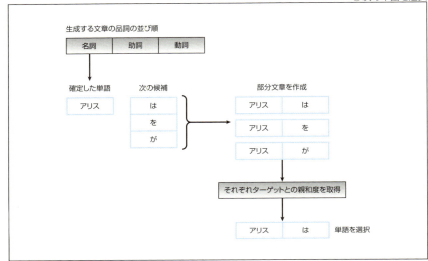

そうして文章のはじめから単語を選択し、生成中の部分文章とターゲットとなる文章との親和度から、さらに次の単語を選択していきます。ターゲットとなる文章と生成中の部分文章との親和度については、それぞれの文章を並び順のある文としてではなく、単語のリストとして扱うことで、Word2Vecでの親和度の計算を可能にします。

Word2Vecでは、1つの単語動詞の親和度だけではなく複数の単語からなるリスト間の親和度も取得できるので、文章に含まれる単語のリスト間の親和度が近くなるようにすることで、同じような意味を持つ文章が生成されるようにするわけです。

この手法は、文章内の単語の並び順を考慮していないので、文章の意味推測としては不十分ですが、今回は教師データとなるコーパスが少なく、生成する文章の長さも短いので使用することにしました。十分な大きさの教師データを使用できる場合は、Word2Vecの拡張でDoc2Vecという、文章そのものをベクトル化するライブラリがあるので、そちらを利用することができます。

◆ 新しい単語を選択する

それでは、実際に生成される文章の意味が、ターゲットとなる文に近づいていくように、候補となる単語を選択する関数を作成します。選択される単語の候補は、170～176ページと同じようにRNNが出力する品詞から作成し、その中からさらにWord2Vecの単語ベクトルに基づいて、最終的な文全体のベクトルがターゲットとなる文のベクトルに近づくように、次の単語を選択します。

SOURCE CODE | chapt07-4.pyのコード

```
# Word2Vecのモデルを読み込む
word_vec = word2vec.Word2Vec.load('alice-word2vec.model')
```

■ SECTION-021 ■ 文章の意味を推測する

```python
# 文章のターゲット
target_str = ['不思議','の','国','の','アリス']

# 指定した品詞の単語を文章がターゲットに近づくように返す
def similarity_word( parse, history ):
  scores = []
  # 品詞から候補をリスト
  for i in range(len(words_parse[parse])):
    w = words_parse[parse][i]
    if w in word_vec:
      # 候補のベクトルを履歴ベクトルに足す
      t = history[:]
      t.append(w)
      # ターゲットとの距離を計算
      sim = word_vec.n_similarity(target_str, t)
      scores.append((sim, w))
  # 結果をスコア順に並べ替える
  result = sorted(scores, key=lambda x: x[0])[::-1]
  return result[0]
```

　ここで作成した「similarity_word」関数は、選択する単語の品詞と、これまでに生成した単語のリストを引数に与えると、選択された単語の親和度と新しい単語のタプルを返します。ここでは単純に最も親和度の高い単語を返すようにしていますが、RNNの出力を評価したときのような木探索を使えば、より精度の高い文章生成が可能になるはずです。

◆ 文章を自動生成する

　以上の内容をすべて実装し、170～176ページで作成した、品詞の種類からランダムに単語を選択するプログラム内の単語選択部分と置き換えると、最終的なプログラムは次のようになります。

SOURCE CODE ‖ chapt07-4.pyのコード

```python
import chainer
import chainer.functions as F
import chainer.links as L
from chainer import training, datasets, iterators, optimizers
from chainer.training import extensions
import numpy as np
import sys
import codecs
from gensim.models import word2vec


uses_device = 0     # GPU#0を使用


# GPU使用時とCPU使用時でデータ形式が変わる
if uses_device >= 0:
  import cupy as cp
```

CHAPTER

07

意味のある文章の自動生成

183

SECTION-021 ■ 文章の意味を推測する

```python
    import chainer.cuda
else:
  cp = np

sys.stdout = codecs.getwriter('utf_8')(sys.stdout)

# RNNの定義をするクラス
class Parses_Genarate_RNN(chainer.Chain):

  def __init__(self, n_words, nodes):
    super(Parses_Genarate_RNN, self).__init__()
    with self.init_scope():
      self.embed = L.EmbedID(n_words, n_words)
      self.l1 = L.LSTM(n_words, nodes)
      self.l2 = L.LSTM(nodes, nodes)
      self.l3 = L.Linear(nodes, n_words)

  def reset_state(self):
    self.l1.reset_state()
    self.l2.reset_state()

  def __call__(self, x):
    h0 = self.embed(x)
    h1 = self.l1(h0)
    h2 = self.l2(h1)
    y = self.l3(h2)
    return y

# ファイルを読み込む
w = codecs.open('all-words-parses.txt', 'r', 'utf8')

# 単語の一覧
words_parse = {}

# 1行ずつ処理する
line = w.readline()
while line:
  # 行の中の単語をリストする
  l = line.split(',')
  if len(l) == 2:
    r = int(l[0].strip())
    if r in words_parse:
      words_parse[r].append(l[1].strip())
    else:
      words_parse[r] = [l[1].strip()]
  line = w.readline()
w.close()
```

■ SECTION-021 ■ 文章の意味を推測する

```python
# ニューラルネットワークの作成
model = Parses_Genarate_RNN(max(words_parse.keys())+1, 20)

# 学習結果を読み込む
chainer.serializers.load_hdf5( 'chapt07.hdf5', model )

if uses_device >= 0:
  # GPUを使う
  chainer.cuda.get_device_from_id(0).use()
  chainer.cuda.check_cuda_available()
  # GPU用データ形式に変換
  model.to_gpu()

# 木探索で生成する最大の深さ
words_max = 50
# RNNの実行結果から検索する単語の数
beam_w = 3
# 生成した文のリスト
parses = []
# 木探索のスタック
model_history = [model]
# 現在生成中の文
cur_parses = [0]      # 開始文字
# 現在生成中の文のスコア
cur_score = []
# 最大のスコア
max_score = 0


# 再帰関数の木探索
def Tree_Traverse():
  global max_score
  # 現在の品詞を取得する
  cur_parse = cur_parses[-1]
  # 文のスコア
  score = np.prod(cur_score)
  # 現在の文の長さ
  deep = len(cur_parses)
  # 枝刈り - 単語数が5以上で最大スコアの6割以下なら、終わる
  if max_score > 0 and deep > 5 and max_score * 0.6 > score:
    return
  # 終了文字か、最大の文の長さ以上なら、品詞を追加して終わる
  if cur_parse == 1 or deep > words_max:
    # 文のデータをコピー
    data = np.array(cur_parses)
    # 文を追加
    parses.append((score, data))
```

■ SECTION-021 ■ 文章の意味を推測する

```python
      # 最大スコアを更新
      if max_score < score:
        max_score = score
      return
  # 現在のニューラルネットワークのステータスをコピーする
  cur_model = model_history[-1].copy()
  # 入力値を作る
  x = cp.array([cur_parse], dtype=cp.int32)
  # ニューラルネットワークに入力する
  y = cur_model(x)
  # 実行結果を正規化する
  z = F.softmax(y)
  # 結果のデータを取得
  result = z.data[0]
  if uses_device >= 0:
    result = chainer.cuda.to_cpu(result)
  # 結果を確立順に並べ替える
  p = np.argsort(result)[::-1]
  # 現在のニューラルネットワークのステータスを保存する
  model_history.append(cur_model)
  # 結果から上位のものを次の枝に回す
  for i in range(beam_w):
    # 現在生成中の文に1文字追加する
    cur_parses.append(p[i])
    # 現在生成中の文のスコアに1つ追加する
    cur_score.append(result[p[i]])
    # 再帰呼び出し
    Tree_Traverse()
    # 現在生成中の文を1つ戻す
    cur_parses.pop()
    # 現在生成中の文のスコアを1つ戻す
    cur_score.pop()
  # ニューラルネットワークのステータスを1つ戻す
  model_history.pop()

# 木検索して文章を生成する
Tree_Traverse()

# Word2Vecのモデルを読み込む
word_vec = word2vec.Word2Vec.load('alice-word2vec.model')

# 文章のターゲット
target_str = ['不思議','の','国','の','アリス']
#target_str = ['三月','うさぎ','の','お茶','会']
#target_str = ['女王']

# 指定した品詞の単語を文章がターゲットに近づくように返す
```

■ SECTION-021 ■ 文章の意味を推測する

```python
def similarity_word( parse, history ):
  scores = []
  # 品詞から候補をリスト
  for i in range(len(words_parse[parse])):
    w = words_parse[parse][i]
    if w in word_vec:
      # 候補のベクトルを履歴ベクトルに足す
      t = history[:]
      t.append(w)
      # ターゲットとの距離を計算
      sim = word_vec.n_similarity(target_str, t)
      scores.append((sim, w))
  # 結果をスコア順に並べ替える
  result = sorted(scores, key=lambda x: x[0])[::-1]
  return result[0]



# スコアの高いものから順に表示する
result_set = sorted(parses, key=lambda x: x[0])[::-1]
# 10個または全部の少ない方の数だけ表示
for i in range(min([10,len(result_set)])):
  # 結果を取得
  s, l = result_set[i]
  # これまで登場した単語
  history = []
  # 開始文字と終端文字を除いてループ
  for j in range(1,len(l)-1):
    score, cur_word = similarity_word(l[j], history)
    history.append(cur_word)
    sys.stdout.buffer.write(cur_word.encode('utf-8'))

  sys.stdout.buffer.write("\n".encode('utf-8'))
  sys.stdout.buffer.flush()
```

上記のプログラムを実行すると、次のように10個の文章が自動生成されます。

◉「不思議の国のアリス」をターゲットにした場合

アリスはキャロルにおいて追いかけ
しかしアリスはあるな
アリスは国のふしぎにおいて行わばくる
アリスは国が翻案食べな
アリスは国が食べらればくる
アリスは国が翻案食べられな
アリスは国が翻案食べらればくる
鏡のリンクや他国度によるの刊行において追いかけせるなかっ
鏡の国の月日鍵は実際行わなかっだ
鏡の国の月日としては実際食べなず

CHAPTER 07

意味のある文章の自動生成

187

■ SECTION-021 ■ 文章の意味を推測する

◉「三月ウサギのお茶会」をターゲットにした場合

アリスもうさぎとし
しかしアリスもしない
アリスもお茶のウサギより知らながらき
アリスもお茶に存在あるん
アリスもお茶にしれながらき
アリスもお茶に存在あるられなかっ
アリスもお茶に存在あるられながらき
白の出版やおお茶会にの存在について追いかけせず
白のお茶のお茶章も再び知らだなかっ
白のお茶のお茶にもさらに知らないず

◉「女王」をターゲットにした場合

キャロルも高山という考え
しかしアリスも見た
キャロルも女王の女王とともに考えばくる
キャロルも女王とともに監督考えう
キャロルも女王とともに考えられるばくる
キャロルも女王とともに監督考えられるう
キャロルも女王とともに監督考えられるばなら
女王の監督たり大女王目とともにの参加という考えられるう
女王の女王の女王女王も実際考えうだっ
女王の女王の女王とともにも実際考えうだっ

　上記の実行結果を見ると、一応、ターゲット文に対して関連性のある文章を出力しようとしている風にも見えますが、まだまだ人間が書く文章ほどの自然さには達していません。このプログラムでは、品詞の種類のみから単語を選択しているので、掛かり受けなど単語間の関連性を扱えていないのが、その理由と考えられます。

　さらにこの例では、そもそもの教師データとなるコーパスが少なすぎるという問題があります。単語ベクトルから単語を選択していくアルゴリズムを変更したり、マルコフ連鎖などの手法を組み合わせるなど、アルゴリズム的にはまだまだ改良の余地がありますので、文章の自動生成に興味のある読者は、ぜひ本書のプログラムを改良し、より良い文章が生成できるように工夫してみてください。

CHAPTER 08

機械翻訳

SECTION-022
encoder-decoder翻訳モデル

▶encoder-decoder翻訳モデルとは

コンピューターによる機械翻訳については、ディープラーニング技術の登場以前からさまざまな研究がなされてきました。それらの技術も歴史がある分だけ成熟がなされているのですが、多くの場合、辞書や文法データベースなどを人間が用意しておき、その情報に従って文章を処理する手法が採られます。

しかし、ディープラーニング技術により、人間が明示的に作成する辞書や文法データベースを使用せずに、ニューラルネットワークを使用して、対訳データの機械学習のみによって機械翻訳を行う手法も登場しました。

encoder-decoder翻訳モデルとは、そのような機械翻訳を実装する手段の1つで、いたってシンプルな実装手段にもかかわらず、従来の手法に比べてもそれなりの精度で翻訳を行うことができます。

◆ 基本となるアイデア

encoder-decoder翻訳モデルの基本となるアイデアは、CHAPTER 06で作成したRNNによる文章の自動生成とよく似ています。RNNによる文章の自動生成では、現在のステータスを内部に保存しており、そのステータスを引き継ぎながら、次々と入力される単語から、その次にくる単語を学習していきました。

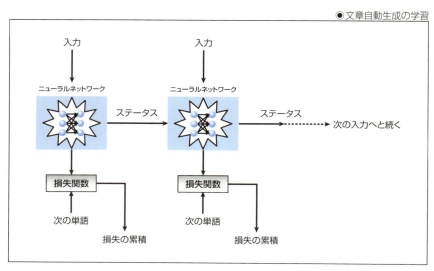

●文章自動生成の学習

上図は、CHAPTER 06で作成したRNNによる文章自動生成AIの学習を表しており、図中にあるニューラルネットワークは実際には1つのRNNであり、横方向の矢印は時系列を表しています。

■SECTION-022 ■ encoder-decoder翻訳モデル

　それが、encoder-decoder翻訳モデルでは、RNNは2つの部分に分けられており、それぞれがエンコーダーとデコーダーとなります。このうちエンコーダーの役割は、入力された元言語の文を、RNNのステータスとしてエンコードすることにあり、デコーダーの役割はRNNのステータスを対象言語の文としてデコードすることにあります。

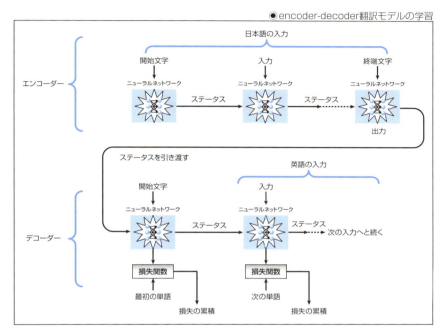

◉encoder-decoder翻訳モデルの学習

　上図は、encoder-decoder翻訳モデルの学習を表しています。その内部は、encoder-decoder翻訳モデルという名の通りエンコーダーとデコーダーの2つのニューラルネットワークに分けられています。

　そして、元言語の文(ここでは日本語の文とします)と、対象言語の文(ここでは英語の文とします)の対訳を入力するのですが、エンコーダーは元言語の文をRNNのステータスとしてエンコードすることが目的なので、損失は作成しません。

　一方、デコーダー部分では、文章の自動生成と同様に、RNNからの出力と、教師データの次の単語との差分を損失関数で生成し、最終的な文が終わったときにRNN全体に逆伝播させることで学習を行います。

　エンコーダーおよびデコーダーは、これまでの章で紹介したRNNと同じように、内部にステータスを保持しています。RNNを使用したencoder-decoder翻訳モデルでは、その内部ステータスをエンコードされた文章データとし、デコーダーへと引き継がせる点が特徴となります。

■ SECTION-022 ■ encoder-decoder翻訳モデル

◆ 翻訳文の出力

翻訳文の出力に関しても、基本となるアイデアはRNNによる文章の自動生成とよく似ています。RNNによる文章の自動生成では、最初の単語を入力して、そこから出力される単語を文の次の単語としました。

翻訳文の出力における基本となるアイデアは、RNNに入力する最初の単語の代わりに、エンコーダーに元言語の文を入力していき、最後に終端文字を入力したときのRNNのステータスを、デコーダーに渡すことにあります。

下図はその様子を表したもので、エンコーダー部分に元言語の文を入力した後、デコーダー部分の動作はRNNによる文章の自動生成の際と同じ動作をしていることがわかります。

●encoder-decoder翻訳モデルの出力

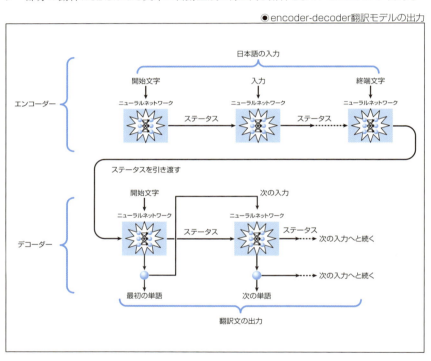

ChainerのLSTMレイヤー

この章で作成するencoder-decoder翻訳モデルでは、これまでの章と同じく**LSTM**を使用します。LSTMはCHAPTER 06で解説したように、時系列的に入力されたデータを扱うことができるニューラルネットワークです。そのため、LSTMには内部メモリやステータスといった内部状態を保持しており、encoder-decoder翻訳モデルではその内部状態を使用する必要があります。

◆ LSTMレイヤーの中身

ここでは、これまでの章で使用してきたLSTMレイヤーでは隠蔽されてしまう内部状態について扱うので、LSTMの内部の構造について、ある程度の解説をしておきます。LSTMはそれ自体がある程度、複雑な構造を持っているニューラルネットワークで、詳しく見ると次のような内部構造になっています。

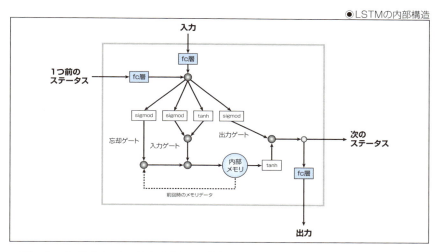

●LSTMの内部構造

図の中の矢印はデータの流れを表していますが、それらのデータはすべてベクトルデータなので、ベクトルの次元数について意識する必要があります。

fc層とはニューラルネットワークの全結合層のことで、入力ノードと出力ノードのそれぞれの間に結合があり、入力されたベクトルデータの次元数と出力されるベクトルデータの次元数は、それぞれのノード数になります。

まず、LSTM全体への入力を捉えると、それはその時の入力と1つ前のステータスからなり、それぞれ全結合層を通過した後、4つデータに分割されます。

その後、それぞれのデータは異なる活性化関数を通った後に、LSTMが保持する内部メモリと図にあるような乗算・合算をが行われ、出力データとなります。

最後に出力データは、次のステータスおよび3つ目の全結合層を通ってLSTMの出力となります。

図中にある演算の意味については本書の範囲を超えるので解説しませんが、大まかにいえば、深い学習（時系列的に遠くの過去）においても学習勾配の消失を避けることができるように工夫がなされた演算を行っているということです。

◆ LSTMレイヤー内のステータス

これまでの章で使用してきたLSTMレイヤーでは、先ほどの図中にあるすべての部分を、「`chainer.links`」内の「`LSTM`」クラスで実現しており、さらにLSTMの内部メモリと1つ前のステータスまでもクラス内に保持しているため、プログラムからはLSTMの入力と出力のみを扱えばよいことになっていました。

■ SECTION-022 ■ encoder-decoder翻訳モデル

●LSTMレイヤーの使用

```
import chainer.links as L
# 省略
# LSTMレイヤーを作成する
lstm = L.LSTM(input_nodes, output_nodes)
# 省略
# LSTMへデータを入力し出力を得る
output = lstm( input )
```

　LSTMが使用する内部ステータスは、LSTMが持っている内部メモリのデータと、LSTMの1つ前の出力値からなっています。それらのデータは、LSTMクラスの「c」と「h」というプロパティから取得することができます。

●LSTMのステータスを取得する

```
import chainer.links as L
# 省略
# LSTMレイヤーを作成する
lstm = L.LSTM(input_nodes, output_nodes)
# 省略
# LSTMのステータスを取得する
c = lstm.c
h = lstm.h
```

　また、LSTMにそれらのステータスを設定するには、LSTMクラスの「set_state」メソッドを使用します。

●LSTMにステータスを設定する

```
import chainer.links as L
# 省略
# LSTMレイヤーを作成する
lstm = L.LSTM(input_nodes, output_nodes)
# 省略
# LSTMにステータスを設定する
c = chainer.Variable(...)
h = chainer.Variable(...)
lstm.set_state(c , h)
```

　Chainerでは、ニューラルネットワークが扱うデータをVariableクラスで表現するのですが、ほとんどの場合、numpyの配列であれば自動的に変換して扱ってくれるため、プログラム中で明示的に「Variable」クラスのインスタンスを作成する必要はありません。しかし、執筆時点のバージョンでは、「set_state」メソッドのようにいくつかの箇所では、明示的に「Variable」クラスのインスタンスとする必要があるので注意してください。

SECTION-023

対訳データを機械学習させる

▶ 対訳データを用意する

encoder-decoder翻訳モデルの基本的なアイデアと、ChainerにおけるLSTMレイヤーの利用方法について解説したので、次は実際にニューラルネットワークを作成して、日本語と英語の対訳データを学習させていきます。

◆ コーパスとは

機械学習には当然、日本語と英語の対訳データが必要になります。このような、自然言語処理で使用する例文データのことを**コーパス**と呼びますが、日本語と英語の対訳データからなるコーパスは、いくつかインターネットからダウンロードして利用できるものがあります。

●日本語と英語の対訳データの例

名称	URL
田中コーパス	http://www.edrdg.org/wiki/index.php/Tanaka_Corpus
NTCIR特許翻訳文	http://ntcir.nii.ac.jp/PatentMT/
ASPEC論文翻訳文	http://orchid.kuee.kyoto-u.ac.jp/ASPEC/
日英法令対訳コーパス	http://www.phontron.com/jaen-law/index-ja.html
黒橋・河原研究室 日本語基本文データ	http://nlp.ist.i.kyoto-u.ac.jp/index.php?日英中基本文データ

しかし、一般的な文を翻訳したコーパスを、そのままencoder-decoder翻訳モデルに学習させても、そのままではなかなかわかりやすい結果にはつながりません。その理由の1つが、語彙数と例文数の割合が、encoder-decoder翻訳モデルによる学習に向いていないことが挙げられます。

◆ 語彙数と例文数の問題

これまでに見てきたように、ニューラルネットワークが自然言語の文章を扱うには、文章内に含まれる単語を数値で表す必要があるのですが、そうするとその単語の意味については一切考慮されず、単語と単語の関係性も消失してしまいます。

たとえば、単語の活用形や時制による変化も、まったく別の単語として扱われてしまうため、「I play」「He plays」「She played」の3つの文にある関係性について気づくことができなくなってしまいます。

フェティ・ブガレス、ホルガー・シェンク、カグラー・グルツェーレらによる初期の論文（https://arxiv.org/abs/1406.1078）[8-1]では、入力・出力の単語は500次元のベクトルデータとして与えられ、学習させた例文数は1000個とあります。この単語ベクトルはone-hot vectorとあるので、実際に使われていた語彙数は500個以下ということになります。つまり、もとの論文では語彙数の少なくとも2倍の例文を学習させたことになります。

一方、一般的に入手できる、通常の例文を翻訳させたコーパスでは、語彙の数はそこに含まれる例文より多くなる傾向にあります。

CHAPTER **08**

機械翻訳

195

■ SECTION-023 ■ 対訳データを機械学習させる

そのため、encoder-decoder翻訳モデルの学習には、例文の数に対する語彙の数を減らす（少ない語彙数からなる多数の例文を用意する）ことが必要になります。たとえば「I play」「He plays」「She played」（3つの文に6個の単語）ではなく、「<人物を表す代名詞><playの活用形>」という文が3つ（3つの文に2個の単語）となれば、例文内の語彙数を減らし、ニューラルネットワークに対する学習がより簡単に行えるようになります。

◆ コーパスを用意する

そこでここでは、動詞の活用形や三人称単数形などを省略し、すべて同じ単語で揃えるなどの処理を行った、簡単なコーパスを用意しました。

このように正しい文法からの多少の逸脱を許容することで、教師データに含まれる例文内の語彙数を少なくすることができます。実用的には翻訳後の文章から、文法ルールに則って適切な活用形へと変化させるなどの処理を行うことになります。

このコーパスでは、50の例文内に含まれる語彙数は、日本語が32個、英語が24個（記号も含む）となっており、語彙数より多くの例文数が存在するようになっています。もっとも、たった50個の例文数では、きちんとした翻訳モデルを学習させるには少なすぎますが、encoder-decoder翻訳モデルの動作を検証するためには利用できるはずです。

なお、ここで用意したコーパスは、本書のプログラムと同様に、「http://www.c-r.com/book/detail/1182」からダウンロードすることができるので、自由に使用していただいて構いません。

```
これ は ブドウ です 。  this is a grape .
ミカン は 木 に 実り ます 。   orange grow on tree .
私 は バナナ を 食べ ます 。   I eat banana .
私 は 食べ ます 。 I eat .
木 に ミカン が 生え ます 。   a orange grow on tree .
バナナ と ミカン 。 banana and a orange .
ブドウ を 剥き ます か ？  do I peel a grape ?
これ です か ？   is this ?
私 は バナナ を 持っ て い ます 。 I have a banana .
私 は 彼 に ブドウ を 持っ て き ます 。   I bring a grape to he .
バナナ の 皮 を 剥き ます 。   peel the banana peel .
彼 です か ？  is he ?
彼 は 食べ ます 。 he eat .
彼 は 持っ て い ます か ？   do he have ?
ブドウ の 木 が 生え て い ます 。 a grape tree grow .
これ です 。   this is .
私 は 持っ て い ます 。  I have .
これ を 彼 に 。   this to he .
彼 は ブドウ を 持っ て い ます か ？  do he have a grape ?
これ を 持っ て き ました 。   have bring this .
彼 は 剥き ます か ？  do he peel ?
彼 は バナナ と ブドウ を 持っ て い ます 。    he have a banana and a grape .
バナナ は 木 に 実り ます か ？    do banana grow on tree ?
```

■ SECTION-023 ■ 対訳データを機械学習させる

```
彼 と バナナ 。 he and banana .
彼 は バナナ では ない 。  he is not a banana .
これ を 彼 に 持って きます 。   bring this to he .
私 は ブドウ を 食べ ます 。   I eat a grape .
彼 は この ミカン を 持って きました 。  he have bring this orange .
これ は バナナ です 。 this is a banana .
皮 を 剥き ます 。 peel a peel .
皮 は 食べ ない 。  do not eat peel .
ミカン の 皮 。 orange peel .
私 は ブドウ を 持って ない 。 I do not have a grape .
バナナ です か ? is banana ?
私 は バナナ を 食べ ない 。    he do not eat banana .
ブドウ は バナナ では ない 。  a grape is not a banana .
これ は バナナ です か ?  is this a banana ?
ブドウ の 皮 。 grape peel .
彼 です 。 he is .
私 と 彼 は ミカン と ブドウ を 食べ ます 。   I and he eat a orange and a grape .
木 に 生え ます 。 grow on tree .
彼 は ミカン の 皮 を 剥き ます 。 he peel a orange peel .
彼 は 持って います 。  he have .
ブドウ が 生え て います 。  a grape grow .
バナナ の 皮 。 banana peel .
彼 は ミカン を 食べ ない 。    he do not eat orange .
彼 は バナナ を 食べ ます 。   he eat a banana .
彼 と 私 と ブドウ 。  he and I and a grape .
ミカン が 生え て います 。   a orange grow .
これ は 皮 です 。 this is peel .
```

▶ 語彙ファイルの作成

まずは上記の対訳データを「**corpus.txt**」という名前のファイルに保存してください。対訳データを保存したら、対訳中に存在している単語のリストを列挙します。

◆ 単語のリストを作成

以下は、これまでの章と同様にコーパス中に存在する単語を数え上げ、単語の番号と単語そのものをファイルに保存するためのコードです。

単純な内容なのでこのコードについて詳しい解説は行いません。次のコードを実行すると、「**japanease-words.txt**」「**english-words.txt**」という名前で、単語の番号と単語そのものがリストされたファイルが作成されます。この章でも前章までと同様、数値の「**0**」を開始文字、「**1**」を終端文字として扱うため、実際の単語の番号は「**2**」から始まることになります。

SOURCE CODE ┃ chapt08-1.pyのコード

```
import codecs

# ファイルを読み込む
s = codecs.open('corpus.txt', 'r', 'utf8')
```

■ SECTION-023 ■ 対訳データを機械学習させる

```python
# 日本語と英語の単語
words_ja = {}
words_en = {}
# 日本語と英語の単語の数
n_ja = 1
n_en = 1

# 1行ずつ処理する
line = s.readline()
while line:
  # 行の中の単語をリストする
  ja = line.strip().split('\t')[0].split(' ')
  en = line.strip().split('\t')[1].split(' ')
  # 単語を数値に
  for x in ja:
    if x not in words_ja:
      n_ja = n_ja + 1
      words_ja[x] = n_ja
  for x in en:
    if x not in words_en:
      n_en = n_en + 1
      words_en[x.strip(',')] = n_en
  # 次の行
  line = s.readline()
# ファイルを閉じる
s.close()

# 結果を保存する
d = codecs.open('japanease-words.txt', 'w', 'utf8')
for w in words_ja:
  d.write(str(words_ja[w]) + ',' + w + '\n');
d.close()
d = codecs.open('english-words.txt', 'w', 'utf8')
for w in words_en:
  d.write(str(words_en[w]) + ',' + w + '\n');
d.close()
```

　上記のプログラムを保存して実行すると、「japanease-words.txt」と「english-words. txt」というファイルが作成されます。

```
$ python3 chapt08-1.py
```

SECTION-024

実際の学習プログラム

▶ ニューラルネットワークの作成

それでは実際にChainerを使って、encoder-decoder翻訳モデルとなるニューラルネットワークを作成していきます。

ここではこれまで同様、「Enc_Dec_NN」というクラスにencoder-decoder翻訳モデルのニューラルネットワークを作成します。また、「Enc_Dec_NN」クラスでは初期化の引数として、日本語の側の語彙数、英語の側の語彙数、および、LSTMのステータスの次元数を引数に取るようにします。

SOURCE CODE ‖ chapt08-2.pyのコード

```
# ニューラルネットワークの定義をするクラス
class Enc_Dec_NN(chainer.Chain):

  def __init__(self, n_words_ja, n_words_en, n_units):
    super(Enc_Dec_NN, self).__init__()
    with self.init_scope():
      (ここにNNの定義を行う)
```

◆ 語彙数とステータスの次元数

RNNでは、出力されたデータが次の入力となるため、入力および出力データのベクトル数は、扱う語彙数の数に依存することになります。

しかし、実際は、単語IDからなる入力データを「EmbedID」関数によってベクトル表現にするので、単語のベクトル表現で使用する次元数が共通であれば、エンコーダー部分とデコーダー部分とで共通のノード数のLSTMを扱うことができます。

一見すると、入力言語側の語彙と出力言語側の語彙を両方カバーできるだけの大きなベクトルを使えば問題ないように見えますが、実際に扱うデータよりも大きすぎる表現力をニューラルネットワークに与えると、その分だけ正しい学習が難しくなってしまうので、入力言語と出力言語との語彙数、それに単語のベクトル表現における次元数は、かけ離れないようにします。

また、LSTMの内部メモリとステータスとを合わせたデータに、翻訳しようとしている文章のデータがすべて詰め込まれることになるので、その次元数も重要になります。これも単に次元数を増やせばよいというものではなく、適切なサイズを設定する必要があるようです。

◆ エンコーダー部分の作成

encoder-decoder翻訳モデルでは、エンコーダー部分とデコーダー部分を別々のRNNで実装するので、ここで作成するクラスはエンコーダー部分とデコーダー部分で別の動きをすることになります。エンコーダー部分は1層のLSTMからなっており、CHAPTER 06で紹介したLSTMレイヤーの使い方ほぼそのままです。

■ SECTION-024 ■ 実際の学習プログラム

●エンコーダー部分

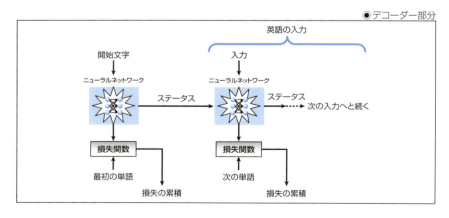

　encoder-decoder翻訳モデルのエンコーダー部分は、「Enc_Dec_NN」クラスの中に「encode」という名前のメソッドとして作成します。この中身は、CHAPTER 06で紹介した文章の自動生成とほぼ同じものです。ここではまず「EmbedID」関数を使い、入力された単語IDをベクトル表現に変換し、1層のLSTMと全結合層を通して結果を返します。

SOURCE CODE ｜ chapt08-2.pyのコード

```
# エンコーダーのレイヤー
self.embed_ja = L.EmbedID(n_words_ja, n_words_ja)
self.l1 = L.LSTM(n_words_ja, n_units)
self.l2 = L.Linear(n_units, n_words_ja)
```

SOURCE CODE ｜ chapt08-2.pyのコード

```
def encode(self, x):
  e = self.embed_ja(x)
  h1 = self.l1(e)
  c = self.l2(h1)
  return c
```

◆デコーダー部分の作成
　一方のデコーダー部分は、2層のLSTMと1層の全結合層からなっており、「lstm」関数の出力を全結合層で単語のデータへと変換します。

●デコーダー部分

200

デコーダー部分は「decode」という名前のメソッドとして作成します。この中身も、CHAPTER 06で紹介した文章の自動生成とほぼ同じもので、「EmbedID」関数の他に、2層のLSTMと1層の全結合層を通して結果を返します。

SOURCE CODE | chapt08-2.pyのコード

```python
# デコーダーのレイヤー
self.embed_en = L.EmbedID(n_words_en, n_words_en)
self.l3 = L.LSTM(n_words_en, n_units)
self.l4 = L.LSTM(n_units, n_units)
self.l5 = L.Linear(n_units, n_words_en)
```

SOURCE CODE | chapt08-2.pyのコード

```python
def decode(self, x):
    e = self.embed_en(x)
    h1 = self.l3(e)
    h2 = self.l4(h1)
    c = self.l5(h2)
    return c
```

ここで注意すべきなのは、エンコーダー部分とデコーダー部分とで扱う単語の語彙数が異なっている点です。したがって、エンコーダー部分とデコーダー部分とでは、入出力で使用するベクトルの次元数が異なっており、エンコーダー部分で扱う単語データを、そのままデコーダー部分に入力したりはできません。

しかし、LSTMの内部で使用するノード数が共通しているため、エンコーダー部分とデコーダー部分とでは、LSTMの内部ステータスは同じ次元数のベクトルデータとして扱われます。このように、共通の次元数の内部ステータスを持つようにしているため、エンコーダー部分からデコーダー部分へと、内部ステータスを引き継がせることが可能になるのです。

◆ステータス取得部分の作成

さらに、エンコーダーが作成した内部メモリおよびステータスのデータを、デコーダー側へと受け渡す際に使用するコードを作成します。ここでは簡単に、「get_state」という名前のメソッドで、エンコーダー部分で使用するLSTMレイヤーのプロパティを返すようにします。

SOURCE CODE | chapt08-2.pyのコード

```python
def get_state(self):
    return self.l1.c, self.l1.h
```

◆ステータス設定部分の作成

同様に、デコーダー部分へと内部メモリ及びステータスを設定するコードも作成します。それには「set_state」という名前のメソッドで、デコーダー部分の最初のLSTMレイヤーに対して、引数から受け取ったデータを設定するようにします。

■ SECTION-024 ■ 実際の学習プログラム

```
SOURCE CODE    chapt08-2.pyのコード
def set_state(self, c, h):
  self.l3.set_state(c, h)
```

さらに、ニューラルネットワーク内にあるすべてのステータスを初期化するコードも作成します。それには「reset_state」という名前のメソッドで、すべてのLSTMレイヤーに対して、内部メモリとステータスをクリアするようにします。

```
SOURCE CODE    chapt08-2.pyのコード
def reset_state(self):
  self.l1.reset_state()
  self.l3.reset_state()
  self.l4.reset_state()
```

▶ 学習用データの用意

ニューラルネットワークとなるクラスを作成したら、次は対訳データを読み込むためのコードを作成します。

◆ 語彙ファイルの読み込み

コーパス中に含まれる単語と単語の番号は、先ほど「japanease-words.txt」と「english-words.txt」という名前のファイルに保存しておきました。これらのファイルを読み込んで、ディクショナリに保存するためのコードは、次のようになります。

```
SOURCE CODE    chapt08-2.pyのコード
# 日本語と英語の単語
words_ja = {}
words_en = {}

# 単語を読み込む
f_ja = codecs.open('japanease-words.txt', 'r', 'utf8')
f_en = codecs.open('english-words.txt', 'r', 'utf8')

line = f_ja.readline()
while line:
  l = line.strip().split(',')
  words_ja[l[1]] = int(l[0])
  line = f_ja.readline()
f_ja.close()

line = f_en.readline()
while line:
  l = line.strip().split(',')
  words_en[l[1]] = int(l[0])
  line = f_en.readline()
f_en.close()
```

CHAPTER
08

機械翻訳

202

◆ コーパスの読み込み

 また、対訳のコーパスは、すでに分かち書きがなされた状態で保存されており、各行に日本語の文と英語の文が、タブ記号で区切られて保存されていました。

 そのファイルを読み込んで対訳を単語IDの形式に変換するコードは、次のようになります。このコードの中では、日本語の文のみ単語の並び順を逆順にしていますが、これはencoder-decoder翻訳モデルを利用する場合のテクニックの1つで、経験上このようにすることで、翻訳の精度が向上することが知られています。また、数値の「0」を開始文字、「1」を終端文字として扱うように、各文章のリストは「0」から始まって「1」で終わるようになっています。

 このコードはやや長いですが、単純なアルゴリズムなので特に解説はしません。

SOURCE CODE ｜｜ chapt08-2.pyのコード

```
# ファイルを読み込む
s = codecs.open('corpus.txt', 'r', 'utf8')

# すべての対訳
sentence = []

# 1行ずつ処理する
line = s.readline()
while line:
  # 行の中の単語をリストする
  ja = line.strip().split('\t')[0].split(' ')
  en = line.strip().split('\t')[1].split(' ')
  # 数値の配列
  line_ja = [0]
  line_en = [0]
  # 元言語の分は反転する
  ja.reverse()
  # 単語を数値に
  for x in ja:
    line_ja.append(words_ja[x])
  for x in en:
    line_en.append(words_en[x.strip(',')])
  # 行が終わったところで終端文字を入れる
  line_ja.append(1)
  line_en.append(1)
  sentence.append((line_ja,line_en))
  # 次の行
  line = s.readline()
# ファイルを閉じる
s.close()
```

■ SECTION-024 ■ 実際の学習プログラム

◆ データの長さを揃える

さらに、CHAPTER 06と同様、バッチ処理のため、すべてのデータを同じ長さの配列へと変換し、配列の終わりを終端文字で埋めます。この処理は、「SerialIterator」ではバッチ内でのデータのサイズが同じである必要があるためですが、バッチサイズを1に固定するのであれば、不要になります。

```
SOURCE CODE    chapt08-2.pyのコード
# 最長の文の長さ
l_max_ja = max([len(l[0]) for l in sentence])
l_max_en = max([len(l[1]) for l in sentence])
# バッチ処理の都合ですべて同じ長さに揃える必要がある
for i in range(len(sentence)):
    # 足りない長さは終端文字で埋める
    sentence[i][0].extend([1]*(l_max_ja-len(sentence[i][0])))
    sentence[i][1].extend([1]*(l_max_en-len(sentence[i][1])))
```

プレトレーニング

encoder-decoder翻訳モデルの学習では、特にエンコーダー部分が、損失関数から時系列的にかなり遠くになってしまいがちです。そのため、LSTMが学習勾配の消失を避ける構造をしているとはいっても、デコーダー部分を経由して学習させるだけでは、十分な学習結果とならない場合があります。

そこでここでは、機械学習のテクニックとして、損失関数から遠いエンコーダー部分のみを部分的に事前学習させて、その上でencoder-decoder翻訳モデル全体を再度学習させるという方法を採ります。

◆ 部分的に事前学習させる

encoder-decoder翻訳モデルのエンコーダー部分は、入力された元言語の文をベクトル表現へと変換することが目的であるため、エンコーダー部分のRNN出力は利用されずに捨てられてしまいます。

■ SECTION-024 ■ 実際の学習プログラム

●再掲：encocer-decoder翻訳モデルの学習

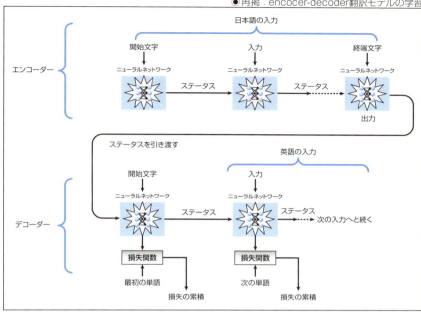

　エンコーダー部分の学習はデコーダー部分の出力から損失を計算することになるのですが、そうすると損失関数からかなり遠くに位置するエンコーダー部分は、十分な学習ができない場合があります。

　そのため、encoder-decoder翻訳モデルのエンコーダー部分のみを、デコーダー部分からいったん切り離して、CHAPTER 06で作成した文章の自動生成と同じ要領で学習させた上でencoder-decoder翻訳モデル全体を再度学習させます。こうすることにより、エンコーダー部分の作成するステータスが学習させた文全体に対して広く分散するようになり、入力となる元言語の文に対する感度を向上させることができます。

◆ Updaterの作成

　エンコーダー部分のみの学習は、第6章で作成した文章の自動生成と同じ要領で行います。まずは、カスタムUpdaterのクラスを作成し、「**update_core**」メソッド内に学習用のコードを作成します。

SOURCE CODE ｜ chapt08-2.pyのコード

```
# カスタムUpdaterのクラス
class PreEncUpdater(training.StandardUpdater):

  def __init__(self, iter, optimizer, device):
    super(PreEncUpdater, self).__init__(
      iter,
      optimizer,
      device=device
```

```
    )

    def update_core(self):
        # ここに学習用のコードを作成する
```

◆ 対訳データを取得

CHAPTER 06と異なっているのは、入力されるデータが、元言語の文だけでなく対訳データとなっている点です。そのため、次のようにしてイテレーターから取得したデータから、元言語である日本語の文だけからなるデータを作成します。

SOURCE CODE | **chapt08-2.pyのコード**

```
# 文を一バッチ取得
x = train_iter.__next__()
# 日本語の文を取得
ja = [s[0] for s in x]
```

◆ 事前学習用のクラス

その後の学習のためのコードは、CHAPTER 06のものと同様です。文の長さ分だけ繰り返すループ内でバッチ処理用の配列を作成し、RNNの出力と次の単語との差を損失関数で取得します。取得した損失はすべての単語が終了するまで蓄積しておき、最後に逆伝播させて学習を行います。そのためのコードは次のようになります。

SOURCE CODE | **chapt08-2.pyのコード**

```
# RNNのステータスをリセットする
model.reset_state()

# 文の長さだけ繰り返しRNNに学習
for i in range(len(ja[0])-1):
    # バッチ処理用の配列に
    batch = cp.array([s[i] for s in ja], dtype=cp.int32)
    # 正解データ(次の文字)の配列
    t = cp.array([s[i+1] for s in ja], dtype=cp.int32)
    # 全部が終端文字ならそれ以上学習する必要はない
    if cp.min(batch) == 1 and cp.max(batch) == 1:
        break
    # 1つRNNを実行
    y = model.encode(batch)
    # 結果との比較
    loss += F.softmax_cross_entropy(y, t)

# 重みデータを一旦リセットする
optimizer.target.cleargrads()
# 誤差関数から逆伝播する
loss.backward()
# 新しい重みデータでアップデートする
optimizer.update()
```

■SECTION-024■ 実際の学習プログラム

◉全体学習用のコード

次に、encoder-decoder翻訳モデル全体に対する学習のアルゴリズムを作成します。学習のアルゴリズムはこれまでと同様、独自に作成するUpdaterの中に記述しますが、encoder-decoder翻訳モデルではエンコーダー部分とデコーダー部分とで2回分の文章をニューラルネットワークに入力する必要があります。

◆ Updaterの作成

まずは、カスタムUpdaterのクラスを作成し、「`update_core`」メソッド内に学習用のコードを作成します。

SOURCE CODE | chapt08-2.pyのコード

```python
# カスタムUpdaterのクラス
class EncDecUpdater(training.StandardUpdater):

  def __init__(self, iter, optimizer, device):
    super(EncDecUpdater, self).__init__(
      iter,
      optimizer,
      device=device
    )

  def update_core(self):
    # ここに学習用のコードを作成する
```

◆ 対訳データを取得

Updaterの中では学習させるデータはイテレーターから取得できます。ここではイテレーターは、日本語と英語の単語のリストをバッチサイズ分ずつ返すように作成するので、次のコードでそのデータを日本語と英語の文章に分解します。

SOURCE CODE | chapt08-2.pyのコード

```python
# 文を一バッチ取得
x = train_iter.__next__()
# 日本語と英語の文を取得
ja = [s[0] for s in x]
en = [s[1] for s in x]
```

◆ エンコード

次にエンコーダー部分への入力を行いますが、ここでは損失は計算せず、単にデータを入力していくだけです。

SOURCE CODE | chapt08-2.pyのコード

```python
# 日本語を入力完了した時点のステータス
status_c = [-1] * len(ja)  # バッチ処理分の配列
status_h = [-1] * len(ja)  # バッチ処理分の配列
```

CHAPTER 08

機械翻訳

207

SECTION-024 ■ 実際の学習プログラム

```
# RNNのステータスをリセットする
model.reset_state()

# 文の長さだけ繰り返しRNNのステータスを生成
for i in range(len(ja[0])):
    # バッチ処理用の配列に
    batch = cp.array([s[i] for s in ja], dtype=cp.int32)
    # 1つRNNを実行
    y = model.encode(batch)
    # 終端文字ならステータスを保存
    c, h = model.get_state()
    for j in range(len(ja)):
        # バッチ内の終わった文のみステータスを保存
        if isinstance(status_c[j], int) and ja[j][i] == 1:
            status_c[j] = c.data[j].copy()
            status_h[j] = h.data[j].copy()
```

このコードで注意すべき点は、エンコーダー部分から取得するRNN内部のステータスが、バッチ処理内の文の長さによって、取得する場所が異なっている点です。

●ステータスの取得

そのため、あらかじめ「status_c」「status_h」という名前でバッチ処理分の配列を作成しておき、入力処理がはじめて終端文字に達した時点で、その文に対するステータスを取得し、配列内にコピーしておきます。この処理も、バッチサイズを1に固定するのであれば不要ですが、ここではバッチ処理を前提に作成してあるのでこのような処理になりました。

■ SECTION-024 ■ 実際の学習プログラム

◆ デコード

　次にデコーダー部分への入力を作成します。デコーダー部分では、入力に対して次の単
語を出力するので、その単語との誤差を蓄積していき、最終的に誤差逆伝播法で学習させ
なければなりません。

　まずは先ほど取得したステータスをChainerのVariable型にしてニューラルネットワークに設
定し、その後はCHAPTER 06と同じ要領で損失を計算していきます。

```
SOURCE CODE  chapt08-2.pyのコード

# RNNのステータスをセットする
vstatus_c = chainer.Variable(cp.array(status_c, dtype=cp.float32))
vstatus_h = chainer.Variable(cp.array(status_h, dtype=cp.float32))
model.set_state(vstatus_c, vstatus_h)

# 文の長さだけ繰り返しRNNに学習
for i in range(len(en[0])-1):
  # バッチ処理用の配列に
  batch = cp.array([s[i] for s in en], dtype=cp.int32)
  # 正解データ（次の文字）の配列
  t = cp.array([s[i+1] for s in en], dtype=cp.int32)
  # 全部が終端文字ならそれ以上学習する必要はない
  if cp.min(batch) == 1 and cp.max(batch) == 1:
    break
  # 1つRNNを実行
  y = model.decode(batch)
  # 結果との比較
  loss += F.softmax_cross_entropy(y, t)
```

　最後に、損失からニューラルネットワーク全体へと逆伝播を行い、学習を行います。この箇
所での学習では、デコーダー部分だけではなくエンコーダー部分へも伝播が行われるので、
事前学習のあるなしにかかわらず、エンコーダー部分の重みデータも更新されることになります。

```
SOURCE CODE  chapt08-2.pyのコード

# 重みデータをいったんリセットする
optimizer.target.cleargrads()
# 誤差関数から逆伝播する
loss.backward()
# 新しい重みデータでアップデートする
optimizer.update()
```

209

■ SECTION-024 ■ 実際の学習プログラム

▶ 実際の学習

最後に、これまでの章と同じようにChainerの機能を使って機械学習を行います。

◆ 機械学習

ここではニューラルネットワークを作成する際のパラメーターとして、LSTMのステータスの次元数を100としています。この次元数の大きさは、学習させるコーパスの語彙数と例文の複雑さに依存しており、より大きなコーパスを使用する場合は、それに見合った数に変更する必要があります。

それ以外の部分はこれまでの章とほぼ同様で、この章で特に解説する必要があるのは、イテレーターとしてCHAPTER 02と同じ「SerialIterator」を使い、対訳文の1ペアずつを扱っている点と、エンコーダー部分を80エポック分、事前学習させた上で、トータルの学習回数が160エポック分になるまでencoder-decoder翻訳モデル全体を学習している点です。

学習回数のカウントは「SerialIterator」内部で行われるため、2回目の学習のターゲットを160エポックとすることで、エンコーダー部分の事前学習が80エポック分、encoder-decoder翻訳モデル全体の学習が80エポック分、トータルの学習回数が160エポック分となります。

このencoder-decoder翻訳モデルでは、学習回数や学習させるコーパスの語彙数や例文数に対する感度が高く、それらのパラメーターを変更すると、結果が大きく変わる傾向があります。そのため、学習回数や学習アルゴリズムの選択については、学習させるコーパスに従って慎重に調整するようにしてください。

SOURCE CODE | chapt08-2.pyのコード

```
# ニューラルネットワークの作成
model = Enc_Dec_NN(max(words_ja.values())+1, max(words_en.values())+1, 100)

if uses_device >= 0:
    # GPUを使う
    chainer.cuda.get_device_from_id(0).use()
    chainer.cuda.check_cuda_available()
    # GPU用データ形式に変換
    model.to_gpu()

# 誤差逆伝播法アルゴリズムを選択
optimizer = optimizers.Adam()
optimizer.setup(model)

# Iteratorを作成
train_iter = iterators.SerialIterator(sentence, batch_size, shuffle=False)

# デバイスを選択してTrainerを作成する
updater = PreEncUpdater(train_iter, optimizer, device=uses_device)
trainer = training.Trainer(updater, (80, 'epoch'), out="result")
# 学習の進展を表示するようにする
trainer.extend(extensions.ProgressBar(update_interval=1))
```

■ SECTION-024 ■ 実際の学習プログラム

```python
# 機械学習を実行する
trainer.run()

# デバイスを選択してTrainerを作成する
updater = EncDecUpdater(train_iter, optimizer, device=uses_device)
trainer = training.Trainer(updater, (160, 'epoch'), out="result")
# 学習の進展を表示するようにする
trainer.extend(extensions.ProgressBar(update_interval=1))

# 機械学習を実行する
trainer.run()

# 学習結果を保存する
chainer.serializers.save_hdf5( 'chapt08.hdf5', model )
```

　以上の内容をまとめると、encoder-decoder翻訳モデルの学習を行うプログラムのコードは、次のようになります。

SOURCE CODE ‖ chapt08-2.pyのコード

```python
import chainer
import chainer.functions as F
import chainer.links as L
from chainer import training, datasets, iterators, optimizers
from chainer.training import extensions
import numpy as np
import codecs

batch_size = 10     # バッチサイズ10
uses_device = 0     # GPU#0を使用

# GPU使用時とCPU使用時でデータ形式が変わる
if uses_device >= 0:
  import cupy as cp
else:
  cp = np

# ニューラルネットワークの定義をするクラス
class Enc_Dec_NN(chainer.Chain):

  def __init__(self, n_words_ja, n_words_en, n_units):
    super(Enc_Dec_NN, self).__init__()
    with self.init_scope():
      # エンコーダーのレイヤー
      self.embed_ja = L.EmbedID(n_words_ja, n_words_ja)
      self.l1 = L.LSTM(n_words_ja, n_units)
      self.l2 = L.Linear(n_units, n_words_ja)
```

CHAPTER 08

機械翻訳

211

■SECTION-024■ 実際の学習プログラム

```python
        # デコーダーのレイヤー
        self.embed_en = L.EmbedID(n_words_en, n_words_en)
        self.l3 = L.LSTM(n_words_en, n_units)
        self.l4 = L.LSTM(n_units, n_units)
        self.l5 = L.Linear(n_units, n_words_en)

    def encode(self, x):
      e = self.embed_ja(x)
      h1 = self.l1(e)
      c = self.l2(h1)
      return c

    def decode(self, x):
      e = self.embed_en(x)
      h1 = self.l3(e)
      h2 = self.l4(h1)
      c = self.l5(h2)
      return c

    def get_state(self):
      return self.l1.c, self.l1.h

    def set_state(self, c, h):
      self.l3.set_state(c, h)

    def reset_state(self):
      self.l1.reset_state()
      self.l3.reset_state()
      self.l4.reset_state()

# カスタムUpdaterのクラス
class PreEncUpdater(training.StandardUpdater):

    def __init__(self, iter, optimizer, device):
      super(PreEncUpdater, self).__init__(
        iter,
        optimizer,
        device=device
      )

    def update_core(self):
      # 累積していく損失
      loss = 0

      # IteratorとOptimizerを取得
      train_iter = self.get_iterator('main')
      optimizer = self.get_optimizer('main')
```

212

■ SECTION-024 ■ 実際の学習プログラム

```python
# ニューラルネットワークを取得
model = optimizer.target

# 文を一バッチ取得
x = train_iter.__next__()
# 日本語の文を取得
ja = [s[0] for s in x]

# RNNのステータスをリセットする
model.reset_state()

# 文の長さだけ繰り返しRNNに学習
for i in range(len(ja[0])-1):
  # バッチ処理用の配列に
  batch = cp.array([s[i] for s in ja], dtype=cp.int32)
  # 正解データ（次の文字）の配列
  t = cp.array([s[i+1] for s in ja], dtype=cp.int32)
  # 全部が終端文字ならそれ以上学習する必要はない
  if cp.min(batch) == 1 and cp.max(batch) == 1:
    break
  # 1つRNNを実行
  y = model.encode(batch)
  # 結果との比較
  loss += F.softmax_cross_entropy(y, t)

# 重みデータをいったんリセットする
optimizer.target.cleargrads()
# 誤差関数から逆伝播する
loss.backward()
# 新しい重みデータでアップデートする
optimizer.update()

# カスタムUpdaterのクラス
class EncDecUpdater(training.StandardUpdater):

  def __init__(self, iter, optimizer, device):
    super(EncDecUpdater, self).__init__(
      iter,
      optimizer,
      device=device
    )

  def update_core(self):
    # 累積していく損失
    loss = 0
```

CHAPTER 08

機械翻訳

213

■ SECTION-024 ■ 実際の学習プログラム

```python
# IteratorとOptimizerを取得
train_iter = self.get_iterator('main')
optimizer = self.get_optimizer('main')
# ニューラルネットワークを取得
model = optimizer.target

# 文を一バッチ取得
x = train_iter.__next__()
# 日本語と英語の文を取得
ja = [s[0] for s in x]
en = [s[1] for s in x]

# 日本語を入力完了した時点のステータス
status_c = [-1] * len(ja)  # バッチ処理分の配列
status_h = [-1] * len(ja)  # バッチ処理分の配列

# RNNのステータスをリセットする
model.reset_state()

# 文の長さだけ繰り返しRNNのステータスを生成
for i in range(len(ja[0])):
  # バッチ処理用の配列に
  batch = cp.array([s[i] for s in ja], dtype=cp.int32)
  # 1つRNNを実行
  y = model.encode(batch)
  # 終端文字ならステータスを保存
  c, h = model.get_state()
  for j in range(len(ja)):
    # バッチ内の終わった文のみステータスを保存
    if isinstance(status_c[j], int) and ja[j][i] == 1:
      status_c[j] = c.data[j].copy()
      status_h[j] = h.data[j].copy()

# RNNのステータスをセットする
vstatus_c = chainer.Variable(cp.array(status_c, dtype=cp.float32))
vstatus_h = chainer.Variable(cp.array(status_h, dtype=cp.float32))
model.set_state(vstatus_c, vstatus_h)

# 文の長さだけ繰り返しRNNに学習
for i in range(len(en[0])-1):
  # バッチ処理用の配列に
  batch = cp.array([s[i] for s in en], dtype=cp.int32)
  # 正解データ（次の文字）の配列
  t = cp.array([s[i+1] for s in en], dtype=cp.int32)
  # 全部が終端文字ならそれ以上学習する必要はない
  if cp.min(batch) == 1 and cp.max(batch) == 1:
    break
```

■ SECTION-024 ■ 実際の学習プログラム

```python
  # 1つRNNを実行
  y = model.decode(batch)
  # 結果との比較
  loss += F.softmax_cross_entropy(y, t)

  # 重みデータをいったんリセットする
  optimizer.target.cleargrads()
  # 誤差関数から逆伝播する
  loss.backward()
  # 新しい重みデータでアップデートする
  optimizer.update()

# 日本語と英語の単語
words_ja = {}
words_en = {}

# 単語を読み込む
f_ja = codecs.open('japanease-words.txt', 'r', 'utf8')
f_en = codecs.open('english-words.txt', 'r', 'utf8')

line = f_ja.readline()
while line:
  l = line.strip().split(',')
  words_ja[l[1]] = int(l[0])
  line = f_ja.readline()
f_ja.close()

line = f_en.readline()
while line:
  l = line.strip().split(',')
  words_en[l[1]] = int(l[0])
  line = f_en.readline()
f_en.close()

# ファイルを読み込む
s = codecs.open('corpus.txt', 'r', 'utf8')

# すべての対訳
sentence = []

# 1行ずつ処理する
line = s.readline()
while line:
  # 行の中の単語をリストする
  ja = line.strip().split('\t')[0].split(' ')
  en = line.strip().split('\t')[1].split(' ')
```

CHAPTER

08

機械翻訳

215

■ SECTION-024 ■ 実際の学習プログラム

```python
# 数値の配列
line_ja = [0]
line_en = [0]
# 元言語の分は反転する
ja.reverse()
# 単語を数値に
for x in ja:
    line_ja.append(words_ja[x])
for x in en:
    line_en.append(words_en[x.strip(',')])
# 行が終わったところで終端文字を入れる
line_ja.append(1)
line_en.append(1)
sentence.append((line_ja,line_en))
# 次の行
line = s.readline()
# ファイルを閉じる
s.close()


# 最長の文の長さ
l_max_ja = max([len(l[0]) for l in sentence])
l_max_en = max([len(l[1]) for l in sentence])
# バッチ処理の都合ですべて同じ長さに揃える必要がある
for i in range(len(sentence)):
    # 足りない長さは終端文字で埋める
    sentence[i][0].extend([1]*(l_max_ja-len(sentence[i][0])))
    sentence[i][1].extend([1]*(l_max_en-len(sentence[i][1])))


# ニューラルネットワークの作成
model = Enc_Dec_NN(max(words_ja.values())+1, max(words_en.values())+1, 100)

if uses_device >= 0:
    # GPUを使う
    chainer.cuda.get_device_from_id(0).use()
    chainer.cuda.check_cuda_available()
    # GPU用データ形式に変換
    model.to_gpu()


# 誤差逆伝播法アルゴリズムを選択
optimizer = optimizers.Adam()
optimizer.setup(model)


# Iteratorを作成
train_iter = iterators.SerialIterator(sentence, batch_size, shuffle=False)


# デバイスを選択してTrainerを作成する
updater = PreEncUpdater(train_iter, optimizer, device=uses_device)
```

■ SECTION-024 ■ 実際の学習プログラム

```
trainer = training.Trainer(updater, (80, 'epoch'), out="result")
# 学習の進展を表示するようにする
trainer.extend(extensions.ProgressBar(update_interval=1))

# 機械学習を実行する
trainer.run()

# デバイスを選択してTrainerを作成する
updater = EncDecUpdater(train_iter, optimizer, device=uses_device)
trainer = training.Trainer(updater, (160, 'epoch'), out="result")
# 学習の進展を表示するようにする
trainer.extend(extensions.ProgressBar(update_interval=1))

# 機械学習を実行する
trainer.run()

# 学習結果を保存する
chainer.serializers.save_hdf5( 'chapt08.hdf5', model )
```

このプログラムを実行すると、次のように学習の進展が表示されます。

```
$ python3 chapt08-2.py
     total [................................................]  0.03%
this epoch [##..............................................]  6.00%
          3 iter, 0 epoch / 160 epochs
   1.207 iters/sec. Estimated time to finish: 2:40:18.560159.
```

学習が終了すると、「chapt08.hdf5」という名前でニューラルネットワークのモデルが保存
されます。

CHAPTER
08

機械翻訳

217

SECTION-025

機械翻訳を行う

▶ encoder-decoder翻訳モデルを実行する

ニューラルネットワークのモデルが保存されたら、次は実際に翻訳を行うプログラムを作成します。

◆ 翻訳文のリストごとに処理を行う

ここでは翻訳する文章は、あらかじめ分かち書きされた状態のリストとして、プログラム中に用意しておきます。ここでは、「彼はバナナを食べます。」「私はミカンの皮を剥きます。」「彼はブドウの皮を持っています。」という3つの文を翻訳させています。

SOURCE CODE │ chapt08-3.pyのコード

```python
# 翻訳元のリスト
japanease = [["彼","は","バナナ","を","食べ","ま","す","。"],\
             ["私","は","ミカン","の","皮","を","剥き","ま","す","。"],\
             ["彼","は","ブドウ","の","皮","を","持っ","て","い","ま","す","。"]]
```

これらの文のうち、「彼はバナナを食べます。」という文は学習させるコーパスに存在する文そのままですが、残りの2つは学習させるコーパスには存在していません。

「私はミカンの皮を剥きます。」という文に似た文として、「彼はミカンの皮を剥きます。」(he peel a orange peel .)は存在しますが、「彼」(he)という単語を「私」(I)に変更するには、その他の文から「私」という概念を抽出しなければならないことになります。

さらに、「彼はブドウの皮を持っています。」という文には、学習させるコーパスには存在しない形の掛かり受けが含まれています。

◆ ファイルの読み込み

まずは語彙ファイルを読み込んで単語と単語の番号を取得し、ニューラルネットワークのモデルデータを読み込んでおきます。

SOURCE CODE │ chapt08-3.pyのコード

```python
# 日本語と英語の単語
words_ja = {}
words_en = {}

# 単語を読み込む
f_ja = codecs.open('japanease-words.txt', 'r', 'utf8')
f_en = codecs.open('english-words.txt', 'r', 'utf8')

line = f_ja.readline()
while line:
  l = line.strip().split(',')
  words_ja[l[1]] = int(l[0])
```

■ SECTION-025 ■ 機械翻訳を行う

```
  line = f_ja.readline()
f_ja.close()

line = f_en.readline()
while line:
  l = line.strip().split(',')
  words_en[int(l[0])] = l[1]
  line = f_en.readline()
f_en.close()

# ニューラルネットワークの作成
model = Enc_Dec_NN(max(words_ja.values())+1, max(words_en.keys())+1, 100)

if uses_device >= 0:
  # GPUを使う
  chainer.cuda.get_device_from_id(0).use()
  chainer.cuda.check_cuda_available()
  # GPU用データ形式に変換
  model.to_gpu()

# 学習結果を読み込む
chainer.serializers.load_hdf5( 'chapt08.hdf5', model )
```

◆木探索

次に、ニューラルネットワークの出力から翻訳文の出力を選択する木探索のコードを作成します。この木探索のアルゴリズムは、CHAPTER 06のものと同様なのでここでは紹介しません。出現する語彙の数が少なくなっているのに応じて、木探索の深さと検索する単語の数を減らしている点と、ニューラルネットワークへのデータの入力を「decode」メソッドで行っている点のみ異なっていますが、それ以外の部分はCHAPTER 06の「Tree_Traverse」関数と同じになります。

SOURCE CODE || chapt08-3.pyのコード

```
# 木探索で生成する最大の深さ
words_max = 10
# RNNの実行結果から検索する単語の数
beam_w = 3
# 生成した文のリスト
sentences = []
# 木探索のスタック
model_history = [model]
# 現在生成中の文
cur_sentence = [0]    # 開始文字
# 現在生成中の文のスコア
cur_score = []
```

CHAPTER 08
機械翻訳

219

```python
# 最大のスコア
max_score = 0

# 再帰関数の木探索
def Tree_Traverse():
    (略)
    # ニューラルネットワークに入力する
    y = cur_model.decode(x)
    (略)
```

◆ エンコーダー部分

次に、翻訳する文章を用意に含まれる単語から単語IDを取得し、エンコーダー部分へと入力します。

SOURCE CODE | chapt08-3.pyのコード

```python
# 翻訳文のリスト
for i in range(len(japanease)):
    # ステータスをクリア
    model.reset_state()
    y = 0
    # 現在の翻訳文
    sys.stdout.buffer.write("".join(japanease[i]).encode('utf-8'))
    sys.stdout.buffer.write(":\n".encode('utf-8'))
    # 開始文字をニューラルネットワークに入力する
    x = cp.array([0], dtype=cp.int32)
    model.encode(x)
    for j in reversed(range(len(japanease[i]))):
        # 現在の単語
        cur_word = words_ja[japanease[i]][j]
        # ニューラルネットワークに入力する
        x = cp.array([cur_word], dtype=cp.int32)
        model.encode(x)
    # 終端文字をニューラルネットワークに入力する
    x = cp.array([1], dtype=cp.int32)
    model.encode(x)
```

そしてエンコーダー部分への入力が完了したら、接続部分のネットワークを呼び出し、デコーダー部分への入力となるステータスを取得します。

SOURCE CODE | chapt08-3.pyのコード

```python
# ステータスを引き継ぐ
c, h = model.get_state()
model.set_state(c, h)
```

■ SECTION-025 ■ 機械翻訳を行う

◆ デコーダー部分

　次に、デコーダー部分への最初の入力となるデータを用意し、エンコーダー部分から引き継いだステータスとともにデコーダー部分を呼び出します。「**Tree_Traverse**」関数を利用して木探索を行いながらデコーダーへの入力を行い、翻訳文の出力を行えば、プログラムは完成します。

SOURCE CODE ‖ chapt08-3.pyのコード

```python
# 変数を初期化
sentences = []
model_history = [model]
cur_sentence = [0]      # 開始文字
cur_score = []
max_score = 0


# 木検索して文章を生成する
Tree_Traverse()


# スコアの高いものから順に表示する
result_set = sorted(sentences, key=lambda x: x[0])[::-1]
# 10個または全部の少ない方の数だけ表示
for i in range(min([10,len(result_set)])):
  # 結果を取得
  s, l = result_set[i]
  r = str(s) + '\t'
  for w in l:
    if w > 1:
      r += words_en[int(w)] + ' '
  r += '\n'
  # 実行結果を表示する
  sys.stdout.buffer.write(r.encode('utf-8'))
  sys.stdout.buffer.flush()
```

◆ 最終的なプログラム

　以上の内容をまとめると、実際に翻訳を行うプログラムのコードは次のようになります。

SOURCE CODE ‖ chapt08-3.pyのコード

```python
import chainer
import chainer.functions as F
import chainer.links as L
from chainer import training, datasets, iterators, optimizers
from chainer.training import extensions
import numpy as np
import sys
import codecs


uses_device = 0      # GPU#0を使用
```

■ SECTION-025 ■ 機械翻訳を行う

```python
# GPU使用時とCPU使用時でデータ形式が変わる
if uses_device >= 0:
  import cupy as cp
  import chainer.cuda
else:
  cp = np

sys.stdout = codecs.getwriter('utf_8')(sys.stdout)


# ニューラルネットワークの定義をするクラス
class Enc_Dec_NN(chainer.Chain):

  def __init__(self, n_words_ja, n_words_en, n_units):
    super(Enc_Dec_NN, self).__init__()
    with self.init_scope():
      # エンコーダーのレイヤー
      self.embed_ja = L.EmbedID(n_words_ja, n_words_ja)
      self.l1 = L.LSTM(n_words_ja, n_units)
      self.l2 = L.Linear(n_units, n_words_ja)
      # デコーダーのレイヤー
      self.embed_en = L.EmbedID(n_words_en, n_words_en)
      self.l3 = L.LSTM(n_words_en, n_units)
      self.l4 = L.LSTM(n_units, n_units)
      self.l5 = L.Linear(n_units, n_words_en)

  def encode(self, x):
    e = self.embed_ja(x)
    h1 = self.l1(e)
    c = self.l2(h1)
    return c

  def decode(self, x):
    e = self.embed_en(x)
    h1 = self.l3(e)
    h2 = self.l4(h1)
    c = self.l5(h2)
    return c

  def get_state(self):
    return self.l1.c, self.l1.h

  def set_state(self, c, h):
    self.l3.set_state(c, h)

  def reset_state(self):
    self.l1.reset_state()
```

■ SECTION-025 ■ 機械翻訳を行う

```python
        self.l3.reset_state()
        self.l4.reset_state()

# 翻訳元のリスト
japanease = [["彼","は","バナナ","を","食べ","ま","す","。"],\
             ["私","は","ミカン","の","皮","を","剥き","ま","す","。"],\
             ["彼","は","ブドウ","の","皮","を","持っ","て","い","ま","す","。"]]

# 日本語と英語の単語
words_ja = {}
words_en = {}

# 単語を読み込む
f_ja = codecs.open('japanease-words.txt', 'r', 'utf8')
f_en = codecs.open('english-words.txt', 'r', 'utf8')

line = f_ja.readline()
while line:
  l = line.strip().split(',')
  words_ja[l[1]] = int(l[0])
  line = f_ja.readline()
f_ja.close()

line = f_en.readline()
while line:
  l = line.strip().split(',')
  words_en[int(l[0])] = l[1]
  line = f_en.readline()
f_en.close()

# ニューラルネットワークの作成
model = Enc_Dec_NN(max(words_ja.values())+1, max(words_en.keys())+1, 100)

if uses_device >= 0:
  # GPUを使う
  chainer.cuda.get_device_from_id(0).use()
  chainer.cuda.check_cuda_available()
  # GPU用データ形式に変換
  model.to_gpu()

# 学習結果を読み込む
chainer.serializers.load_hdf5( 'chapt08.hdf5', model )

# 木探索で生成する最大の深さ
words_max = 10
# RNNの実行結果から検索する単語の数
beam_w = 3
```

CHAPTER 08

機械翻訳

223

■ SECTION-025 ■ 機械翻訳を行う

```python
# 生成した文のリスト
sentences = []
# 木探索のスタック
model_history = [model]
# 現在生成中の文
cur_sentence = [0]     # 開始文字
# 現在生成中の文のスコア
cur_score = []
# 最大のスコア
max_score = 0


# 再帰関数の木探索
def Tree_Traverse():
  global max_score
  # 現在の単語を取得する
  cur_word = cur_sentence[-1]
  # 文のスコア
  score = np.prod(cur_score)
  # 現在の文の長さ
  deep = len(cur_sentence)
  # 枝刈り - 単語数が5以上で最大スコアの6割以下なら、終わる
  if deep > 5 and max_score * 0.6 > score:
    return
  # 終了文字か、最大の文の長さ以上なら、文を追加して終わる
  if cur_word == 1 or deep > words_max:
    # 文のデータをコピー
    data = np.array(cur_sentence)
    # 文を追加
    sentences.append((score, data))
    # 最大スコアを更新
    if max_score < score:
      max_score = score
    return
  # 現在のニューラルネットワークのステータスをコピーする
  cur_model = model_history[-1].copy()
  # 入力値を作る
  x = cp.array([cur_word], dtype=cp.int32)
  # ニューラルネットワークに入力する
  y = cur_model.decode(x)
  # 実行結果を正規化する
  z = F.softmax(y)
  # 結果のデータを取得
  result = z.data[0]
  if uses_device >= 0:
    result = chainer.cuda.to_cpu(result)
  # 結果を確立順に並べ替える
  p = np.argsort(result)[::-1]
```

■ SECTION-025 ■ 機械翻訳を行う

```python
    # 現在のニューラルネットワークのステータスを保存する
    model_history.append(cur_model)
    # 結果から上位のものを次の枝に回す
    for i in range(beam_w):
        # 現在生成中の文に1文字追加する
        cur_sentence.append(p[i])
        # 現在生成中の文のスコアに1つ追加する
        cur_score.append(result[p[i]])
        # 再帰呼び出し
        Tree_Traverse()
        # 現在生成中の文を1つ戻す
        cur_sentence.pop()
        # 現在生成中の文のスコアを1つ戻す
        cur_score.pop()
    # ニューラルネットワークのステータスを1つ戻す
    model_history.pop()


# 翻訳文のリスト
for i in range(len(japanease)):
    # ステータスをクリア
    model.reset_state()
    y = 0
    # 現在の翻訳文
    sys.stdout.buffer.write("".join(japanease[i]).encode('utf-8'))
    sys.stdout.buffer.write(":\n".encode('utf-8'))
    # 開始文字をニューラルネットワークに入力する
    x = cp.array([0], dtype=cp.int32)
    model.encode(x)
    for j in reversed(range(len(japanease[i]))):
        # 現在の単語
        cur_word = words_ja[japanease[i][j]]
        # ニューラルネットワークに入力する
        x = cp.array([cur_word], dtype=cp.int32)
        model.encode(x)
    # 終端文字をニューラルネットワークに入力する
    x = cp.array([1], dtype=cp.int32)
    model.encode(x)

    # ステータスを引き継ぐ
    c, h = model.get_state()
    model.set_state(c, h)

    # 変数を初期化
    sentences = []
    model_history = [model]
    cur_sentence = [0]      # 開始文字
    cur_score = []
```

CHAPTER

08

機械翻訳

225

■ SECTION-025 ■ 機械翻訳を行う

```python
max_score = 0

# 木検索して文章を生成する
Tree_Traverse()

# スコアの高いものから順に表示する
result_set = sorted(sentences, key=lambda x: x[0])[::-1]
# 10個または全部の少ない方の数だけ表示
for i in range(min([10,len(result_set)])):
  # 結果を取得
  s, l = result_set[i]
  r = str(s) + '\t'
  for w in l:
    if w > 1:
      r += words_en[int(w)] + ' '
  r += '\n'
  # 実行結果を表示する
  sys.stdout.buffer.write(r.encode('utf-8'))
  sys.stdout.buffer.flush()
```

▶ 実際に翻訳を行う

それでは実際にプログラムを動かして、どのような翻訳文が出力されるか見てみることにしましょう。

下記に、このプログラムを実行して出力された結果に掲載します。もともとの対訳データに存在する「彼はバナナを食べます。」という文は、「he eat a banana .」と正しく翻訳文が出力されています。

さらに、何度か学習を繰り返すと、もともとの対訳データには存在しない、「私はミカンの皮を剥きます。」という文に対しても、「I peel a orange peel .」と正しい翻訳文が出力されるモデルが作成できました。

しかし、やや複雑な掛かり受けが含まれている「彼はブドウの皮を持っています。」という文は正しい翻訳を出力できていません。この文に関しては、学習の回数を増やしても正しく翻訳できるモデルを作成することはできませんでした。

もともとの対訳データには同じ「peel」という単語が、動詞の「剥く」と名詞の「皮」という2つの意味で含まれているので、この章で作成したモデルでは、その意味を正しく扱えなかったのかもしれません。

■ SECTION-025 ■ 機械翻訳を行う

```
彼はバナナを食べます。:
0.890123    he eat a banana .
7.46155e-05 I eat .
4.47787e-05 he eat banana
3.1733e-0    he have .
2.53095e-06 I have .
4.22886e-08 I have banana
私はミカンの皮を剥きます。:
0.290437    I peel a orange peel .
彼はブドウの皮を持っています。:
0.105975    he have a orange and a grape .
0.0906537   I have a banana and a grape .
0.0584936   I have a grape and a grape .
```

　この章のプログラムには、コーパス中に含まれる語彙数と例文の数、学習アルゴリズムの設定やRNNのノード数、さらに学習の回数など、数多くのパラメーターが存在しています。そして、実際の翻訳精度は、それらのパラメーターに対して感度が高く、パラメーターの設定を変えるとその都度、翻訳の結果が異なってしまいます。

　特に、今回の例のように対訳データの数が少ない場合は、学習回数が少ないとまともに意味をなす文すら生成されない一方、学習回数が少し多くなるだけで過学習となり、もとの対訳データにある例文しか生成されなくなってしまいます。そのため、対訳データを変更して語彙数が変化した場合などは、正しく動作するパラメーターの設定を見つけ出すのに、苦労することになりそうです。

　また、学習の初期値によっても結果が変わるため、学習を何度か繰り返すとその都度、異なるモデルが作成されてしまいます。上記の例も、何回か同じパラメーターで学習を行い、最もよさそうな翻訳を出すモデルを選択してようやくこのような結果が現れました。

　そのため、実際に本格的な機械翻訳を行うには、品詞の並び順の学習や単語の意味推論、あるいは辞書による対訳の作成を組み合わせるなどの手法を組み合わせて、複合的な翻訳アルゴリズムを開発する必要がありそうです。

CHAPTER 08

機械翻訳

227

CHAPTER 09

画像のキャプションの生成

SECTION-026
Neural Image Caption

● Neural Image Captionとは

写真などの画像から、そこに写っているものを判断する技術を画像認識と呼び、最も簡単な画像認識についてはCHAPTER 02で解説しました。

Neural Image Captionは、画像認識からさらに進んで、写真などの画像に写っているものを、自然な文章で説明する説明文(キャプション)を生成するニューラルネットワークです。Neural Image Captionは、画像を処理する畳み込みニューラルネットワークと、自然言語を処理するRNNの両方を組み合わせることで作成されます。

この章では、異なる種類のニューラルネットワークを組み合わせて作成するAIのサンプルとして、簡易なNeural Image Captionを実装します。

◆ 基本となるアイデア

前章で紹介したencoder-decoder翻訳モデルでは、エンコーダーとなるRNNにベクトル表現で表された元言語の文を入力することで、デコーダー部分から翻訳文の出力を得ることができました。その際、入力する元言語の語彙数(入力されるベクトルの次元数)は、RNNのノード数や内部ステータスの次元数とは独立しており、任意に変更可能なものでした。

そうすると、「ベクトルデータとして表現可能な任意のデータと、その説明文」さえあれば、encoder-decoder翻訳モデルを使って入力データからその説明文を生成することが可能になります。

●ベクトルデータから文章を生成

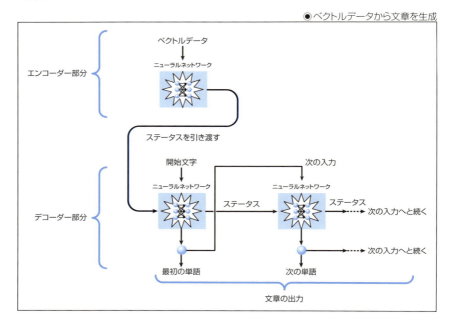

■ SECTION-026 ■ Neural Image Caption

　Neural Image Captionの基本となるアイデアは、画像に含まれている特徴を畳み込みニューラルネットワークによってベクトル表現へと変換し、そのベクトル表現をencoder-decoder翻訳モデルと同様の手法を用いて文章へと変換する、というものになります。

◆ Neural Image Captionの基本

　Googleのオリオール・ヴィニャールズ、アレクサンダー・トシェフらによって提案された初期の手法（http://www.cv-foundation.org/openaccess/content_cvpr_2015/papers/Vinyals_Show_and_Tell_2015_CVPR_paper.pdf）[9-1]では、入力画像をそのまま畳み込みニューラルネットワーク（CNN）に入力し、その出力をLSTMによって内部ステータスへと変換して文章生成を行っていました。

●Neural Image Captionの基本

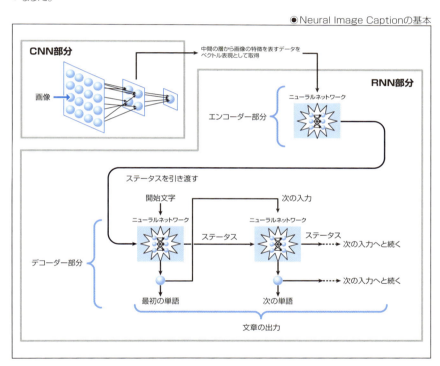

　この方法は最もシンプルなNeural Image Captionの実装ですが、さらに改良を施す余地があります。たとえば、アンドレイ・カルパシー、リー・フェイフェイによる手法（http://cs.stanford.edu/people/karpathy/cvpr2015.pdf）[9-2]では、入力画像に含まれている複数のオブジェクトに対してそれぞれを説明する文章を学習させることで、複雑な構成の画像に対して、その内容を説明する長い説明文を生成しています。

■ SECTION-026 ■ Neural Image Caption

◆ 複数のオブジェクトを認識する

　Neural Image Captionの文章生成部分は、encoder-decoder翻訳モデルと同じくエンコーダー部分とデコーダー部分からなっていますが、入力を受け付けるエンコーダー部分もRNNから成り立っているので、任意の回数入力を繰り返せるという特徴があります。その特徴を生かし、1枚の入力画像から複数のオブジェクトを検出し、それらのオブジェクトに対するベクトル表現をすべてエンコーダー部分に入力することで、より優れた説明文を生成することが可能になります。

　しかし、物体検出を実装するのは少々手間がかかるので、本書では本格的なオブジェクト認識は行わず、入力画像からその四隅+中央の5枚の画像を切り出し、それぞれに対して畳み込みニューラルネットワークへの入力と、エンコーダー部分へのベクトル表現の入力を行う簡易的な実装とします。

　この簡易な実装では、1枚の中にあまりにたくさんのオブジェクトが写っているような画像は扱えませんが、それでも画像のテーマとなるオブジェクトが端によって配置されている場合や、数個のオブジェクトが含まれている画像などを扱うことができるため、入力画像をそのまま一度だけエンコーダー部分へ入力するものよりはよい結果につながることが期待できます。

●画像の四隅+中央を切り出す

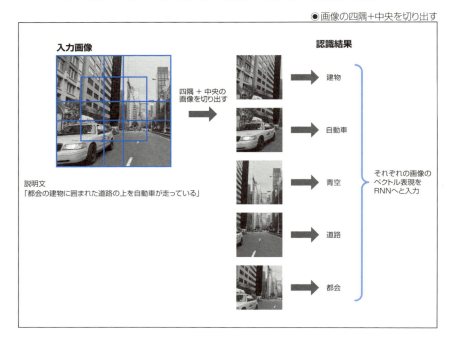

232

SECTION-027
Neural Image Captionの学習

▶ 教師データの入手

Neural Image Captionでは画像から文章を生成するので、教師データとして画像と文章のペアが必要になります。通常は画像に写っているものを説明する文章を用意するのですが、ここでは公開されているデータをダウンロードして利用することにします。

◆ 利用できるデータ

画像に写っているものを説明する文章としては、以前はマイクロソフトとFacebookがスポンサーとなって作成したMS-COCOというデータセットが利用されていました。現在は、MS-COCOを引き継いだ**COCOプロジェクト**が、より多くの画像や、説明文だけではなく、画像内の物体の位置・セグメンテーションなどを提供しています。

また、Yahoo! JapanがMS-COCOに含まれているデータのうち、2万6000個程度を日本語に翻訳し、Creative Commonsライセンスのもと、自由に利用できるようになっている**JYCaption**というデータセットもあります。

データセット	説明・URL
COCO	画像に対する一般的なキャプション・セグメンテーションなど URL　http://mscoco.org/
JYCaption	2万6000個の画像に対する日本語での説明文のデータセット URL　https://github.com/yahoojapan/YJCaptions/

ここではJYCaptionによる日本語の文章を利用するので、次のコマンドを実行してJYCaptionデータセットのデータをダウンロードします。

```
$ wget https://github.com/yahoojapan/YJCaptions/raw/master/yjcaptions26k.zip
$ unzip yjcaptions26k.zip
```

◆ 画像のダウンロードと文章の作成

JYCaptionのデータセットはJSON形式のファイルに保存されているので、まずはそのJSONファイルを読み込み、画像の説明文と画像そのものを保存するためのプログラムを作成します。

まずは、Pythonのjsonライブラリを利用してダウンロードした「`yjcaptions26k_clean.json`」ファイルを読み込みます。JYCaptionに含まれている2万6000件すべてのデータを学習させるためには、相当、長い時間が必要になるので、ここでは説明文の文字数が少ないものだけを抜き出して利用するようにしました。

SOURCE CODE　chapt09-1.pyのコード

```python
import json

# 画像のURLを保持する
images = {}
```

■ SECTION-027 ■ Neural Image Captionの学習

```python
# 説明文を保持する
captions = {}

# 説明文を読み込む
jsons = json.load( open('yjcaptions26k_clean.json') )
for i in jsons['annotations']:
  # 説明文
  cap = i['caption']
  # コーパスが大きすぎるので、文字数の少ないものだけ取得
  if len(cap) < 16:
    # 画像id
    img_id = i['image_id']
    if img_id not in images:
      # 画像のエントリを検索する
      img = [v['flickr_url'] for v in jsons['images'] if v['id'] == img_id]
      # 画像のエントリを保存
      if len(img) > 0:
        images[img_id] = img[0]
    captions[img_id] = cap
```

　JYCaptionのデータには、画像ファイルそのものは含まれていないので、JSONファイル内のURLから、対象となる画像のURLを取得します。画像はプログラムからダウンロードして、JPEGファイルとして保存しておきます。また、ダウンロードした画像の説明文を「**caption.txt**」、画像のIDを「**img_id.txt**」という名前で保存すれば、JYCaptionのデータを読み込むためのプログラムは完成します。

SOURCE CODE | chapt09-1.pyのコード

```python
import urllib.request

（略）

# 説明文と画像IDのファイル
f = codecs.open('caption.txt', 'w', 'utf-8')
d = codecs.open('img_id.txt', 'w', 'utf-8')

# 画像をダウンロード
for k in images:
  print('download...'+images[k])
  with urllib.request.urlopen(images[k]) as response:
    # URLから読み込む
    jpg = response.read()
    # jpgファイルを保存する
    j = codecs.open(str(k)+'.jpg', 'w')
    j.buffer.write(jpg)
    j.close()
```

CHAPTER 09
画像のキャプションの生成

234

■SECTION-027■ Neural Image Captionの学習

```python
    # ダウンロードできたもののみ説明文と画像IDを保存する
    f.write(captions[k]+'\n')
    d.write(str(k)+'\n')

f.close()
d.close()
```

　上記の内容をつなげると、JYCaptionのデータを読み込むためのプログラムは次のようになります。

SOURCE CODE ‖ chapt09-1.pyのコード

```python
# -*- coding: utf-8 -*-

import sys
import codecs
import json
import urllib.request

# 画像のURLを保持する
images = {}
# 説明文を保持する
captions = {}

# 説明文を読み込む
jsons = json.load( open('yjcaptions26k_clean.json') )
for i in jsons['annotations']:
  # 説明文
  cap = i['caption']
  # コーパスが大きすぎるので、文字数の少ないものだけ取得
  if len(cap) < 16:
    # 画像id
    img_id = i['image_id']
    if img_id not in images:
      # 画像のエントリを検索する
      img = [v['flickr_url'] for v in jsons['images'] if v['id'] == img_id]
      # 画像のエントリを保存
      if len(img) > 0:
        images[img_id] = img[0]
    captions[img_id] = cap

# 説明文と画像IDのファイル
f = codecs.open('caption.txt', 'w', 'utf-8')
d = codecs.open('img_id.txt', 'w', 'utf-8')

# 画像をダウンロード
for k in images:
  print('download...'+images[k])
```

CHAPTER 09
画像のキャプションの生成

235

■ SECTION-027 ■ Neural Image Captionの学習

```
with urllib.request.urlopen(images[k]) as response:
    # URLから読み込む
    jpg = response.read()
    # jpgファイルを保存する
    j = codecs.open(str(k)+'.jpg', 'w')
    j.buffer.write(jpg)
    j.close()
    # ダウンロードできたもののみ説明文と画像IDを保存する
    f.write(captions[k]+'\n')
    d.write(str(k)+'\n')

f.close()
d.close()
```

　以上の内容を「chapt09-1.py」という名前で保存し、実行すれば、次のように「**数字の ID.jpg**」という名前の画像ファイルがダウンロードされます。

```
$ python3 chapt09-1.py
download...http://farm9.staticflickr.com/8170/8061983356_1e66f94c92_z.jpg
download...http://farm9.staticflickr.com/8298/7797273568_2ff0d2028b_z.jpg
download...http://farm3.staticflickr.com/2819/10116123866_e1e2f82339_z.jpg
...(略)
$ ls -l *.jpg
-rw-rw-r-- 1 ubuntu ubuntu   6324 Sep 19 02:26 101094.jpg
-rw-rw-r-- 1 ubuntu ubuntu   6324 Sep 19 02:22 102252.jpg
-rw-rw-r-- 1 ubuntu ubuntu   6324 Sep 19 02:25 102942.jpg
...(略)
```

　また、「caption.txt」には画像の説明文が保存されます。

```
$ head -n5 caption.txt
道の上の橋に時計台があります。
この建物はイギリスにあります。
綺麗な海を守りましょう。
清掃車の横に馬車が一台います。
木の食器棚のあるキッチンです。
```

　すべての文章ではなく、文字数が少ないもののみを利用するようにしたので、次のように 521枚の画像に対して同じく521個の文章が保存されました。

```
$ wc -l caption.txt
521 caption.txt
$ wc -l img_id.txt
521 img_id.txt
$ ls -l *.jpg | wc -l
521
```

CHAPTER 09 画像のキャプションの生成

236

■SECTION-027 ■ Neural Image Captionの学習

　本来はもう少し多いデータが用意できるはずですが、flickrの画像データがリンク切れしているなどでダウンロードできないため、521枚の画像のみが抽出されました。

◆ 語彙ファイルの作成
　次にこれまでの章と同じく、形態素解析で単語のリストを作成し、語彙ファイルを作成します。形態素解析は次のコマンドで行います。

```
$ mecab -b 100000 -Owakati caption.txt -o caption-wakati.txt
```

　語彙ファイルの作成は、これまでの章と同じなので解説しません。

SOURCE CODE | chapt09-2.pyのコード

```python
import codecs

# ファイルを読み込む
s = codecs.open('caption-wakati.txt', 'r', 'utf8')

# 単語のリスト
words = {}
# 単語の数
n_words = 1

# 1行ずつ処理する
line = s.readline()
while line:
  # 行の中の単語をリストする
  l = line.strip().split(' ')
  # 単語を数値に
  for x in l:
    if x not in words:
      n_words = n_words + 1
      words[x] = n_words
  # 次の行
  line = s.readline()
# ファイルを閉じる
s.close()

# 結果を保存する
d = codecs.open('caption-words.txt', 'w', 'utf8')
for w in words:
  d.write(str(words[w]) + ',' + w + '\n');
d.close()
```

　上記のコードを「chapt09-2.py」の名前で保存し、実行します。

```
$ python3 chapt09-2.py
```

CHAPTER 09

画像のキャプションの生成

237

■ SECTION-027 ■ Neural Image Captionの学習

すると、次のように、「caption-words.txt」というファイルに単語IDと単語のリストが作成されます。

```
$ head -n5 caption-words.txt
141,的
707,バット
221,漂っ
655,まし
649,停止
```

一応、説明文全体に含まれている語彙数についても数えてみると、848個の単語が含まれていることがわかります。

```
$ wc -l caption-words.txt
848 caption-words.txt
```

● 画像のベクトル化

Neural Image Captionでは、RNNのエンコーダー部分には画像そのものではなく、画像をベクトル表現へと変換したベクトルデータを入力します。これは、画像のデータそのものをRNNへと入力するのでは、RNNのノード数が多くなりすぎるのと、画像から画像に写っているものを抽出するには、深い階層から構成される畳み込みニューラルネットワークが必要なためです。

◆ 利用できる畳み込みニューラルネットワーク

画像をベクトル表現へとへと変換するには、畳み込みニューラルネットワークを利用しますが、画像の説明文からRNNを通じて畳み込みニューラルネットワークも一から学習させるのは、現在のコンピューター能力では現実的ではありません。そのため、畳み込みニューラルネットワークの部分のみを別の方法であらかじめ機械学習させておき、その出力結果のみを利用します。

学習済みの畳み込みニューラルネットワークとしては、CHAPTER 05で利用したVGG16の他にも、ImageNetというコンペティション用に作成されたニューラルネットワークが利用できます。

畳み込みニューラルネットワークを扱うフレームワークの1つであるCaffeでは、公開されているニューラルネットワークを取りまとめて**Model Zoo**として次のURLで公開しています。

URL https://github.com/BVLC/caffe/wiki/Model-Zoo

ここではその中から、比較的軽量なニューラルネットワークとして**AlexNet**という畳み込みニューラルネットワークを利用することにします。次のコマンドを実行して、「bvlc_alexnet.caffemodel」というファイルをダウンロードしてください。

```
$ wget http://dl.caffe.berkeleyvision.org/bvlc_alexnet.caffemodel
```

◆ChainerからCaffeのモデルデータを扱う

上記のコマンドでダウンロードしたニューラルネットワークは、Caffeというフレームワークで使用するためのモデルデータです。Chainerでは、Caffe用のモデルデータを読み込んで利用するためのライブラリが用意されているので、それを使えば問題なくダウンロードしたデータを扱えます。

SOURCE CODE | chapt09-3.pyのコード

```
# ChainerからCaffe用のモデルデータを扱うライブラリをインポート
from chainer.links import caffe as C
(略)
# CaffeのモデルデータをChainerのレイヤーとして作成
cnn = C.CaffeFunction('bvlc_alexnet.caffemodel')

if uses_device >= 0:
    # GPUを使う
    chainer.cuda.get_device_from_id(0).use()
    chainer.cuda.check_cuda_available()
    # GPU用データ形式に変換
    cnn.to_gpu()
```

　Caffeのモデルデータから作成したレイヤーもChainerの学習チェーンに入れれば、畳み込み層に対しても学習が進むのですが、それは学習時間の割に効果が見込めないので、Caffeのモデルデータから作成したレイヤーはRNN部分とは独立して、画像のベクトルデータ化のためのみに利用することにします。

◆画像をベクトル化する

　ここでダウンロードしたAlexNetは、ImageNetというコンペティションの1000クラス分類用に作成されたニューラルネットワークで、本来は画像認識のためのニューラルネットワークです。AlexNetの内部構造は次のようになっており、畳み込み層を5層重ねた後に、3層の全結合層が続いています。

●AlexNetの構造

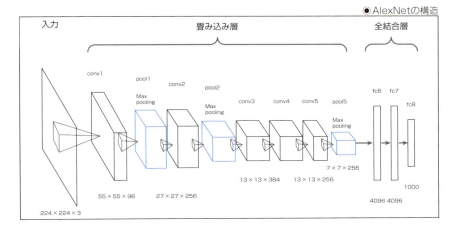

SECTION-027 ■ Neural Image Captionの学習

　画像認識を行う畳み込みニューラルネットワークでは、大まかには、畳み込み層が画像からその特徴を抽出し、その後に続く全結合層でそれらの特徴を目的となるクラスへと分類するように動作します。そこでここでは、「AlexNet」に画像データを入力した後、畳み込み層の直後に存在する「fc6」層から直接、データを取り出すことで、画像の特徴をベクトル表現へと変換します。

●中間の全結合層からデータを取得する

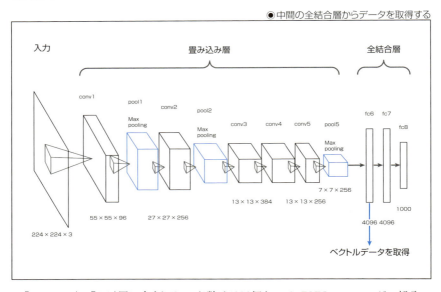

　「AlexNet」の「fc6」層に含まれるノード数は4096個なので、RNNのエンコーダー部分への入力となるベクトルデータも、4096次元のベクトルデータとなります。
　Chainerから「AlexNet」の「fc6」層のデータを取り出すには、次のようにChainerのレイヤーとして作成した畳み込みニューラルネットワークを、引数の「outputs」に出力となるレイヤーの名前を渡して呼び出します。また、「fc6」層に対するドロップアウト層である「drop6」は無効にしたいので、その名前を引数の「disable」に設定します。

SOURCE CODE | chapt09-3.pyのコード

```
# 畳み込みニューラルネットワークのfc6層のデータを抽出
e, = cnn(inputs={'data': x}, outputs=['fc6'], disable=['drop6'])
```

●ニューラルネットワークの作成

　Neural Image CaptionのRNN部分は、これまでの章と同じようにChainerのLSTMレイヤーを組み合わせて作成します。

◆レイヤーの定義

　RNN部分は次のように「ImageCaption_NN」という名前のクラスで作成します。レイヤーの定義については、入力となるベクトルデータの次元数が4096で固定となっている点以外は、前章のencoder-decoder翻訳モデルと同じです。

■ SECTION-027 ■ Neural Image Captionの学習

SOURCE CODE ‖ chapt09-3.pyのコード

```python
# ニューラルネットワークの定義をするクラス
class ImageCaption_NN(chainer.Chain):

    def __init__(self, n_words, n_units):
        super(ImageCaption_NN, self).__init__()
        with self.init_scope():
            # エンコーダーのレイヤー
            self.l1 = L.LSTM(4096, n_units)
            # デコーダーのレイヤー
            self.embed = L.EmbedID(n_words, n_words)
            self.l2 = L.LSTM(n_words, n_units)
            self.l3 = L.LSTM(n_units, n_units)
            self.l4 = L.Linear(n_units, n_words)
```

◆ メソッドの作成

次に学習に使用するメソッドを「**ImageCaption_NN**」クラス内に作成します。これらのメソッドは、「**encode**」メソッドにEmbedIDレイヤーが存在しない以外は前章のencoder-decoder翻訳モデルと同じです。

SOURCE CODE ‖ chapt09-3.pyのコード

```python
def encode(self, x):
    c = self.l1(x)
    return c

def decode(self, x):
    e = self.embed(x)
    h1 = self.l2(e)
    h2 = self.l3(h1)
    c = self.l4(h2)
    return c

def get_state(self):
    return self.l1.c, self.l1.h

def set_state(self, c, h):
    self.l2.set_state(c, h)

def reset_state(self):
    self.l1.reset_state()
    self.l2.reset_state()
    self.l3.reset_state()
```

CHAPTER 09
画像のキャプションの生成

241

■ SECTION-027 ■ Neural Image Captionの学習

学習用データの用意

ニューラルネットワークの定義が完成したら、次はそのニューラルネットワークに学習させる
データを読み込むコードを作成していきます。

◆語彙ファイルの読み込み

本章では語彙ファイルは「caption-words.txt」という名前で保存していました。語彙
ファイルの読み込みについても、前章までと同様となります。

```
SOURCE CODE    chapt09-3.pyのコード
# 単語のリスト
words = {}

# 単語を読み込む
f = codecs.open('caption-words.txt', 'r', 'utf8')

line = f.readline()
while line:
  l = line.strip().split(',')
  words[l[1]] = int(l[0])
  line = f.readline()
f.close()
```

◆画像ベクトルと文章の対を作成

前章では元言語の文と対象言語の文の対を作成していた部分は、画像のベクトルデータ
と説明文の対を作成するようになります。

以下のコードの解説をすると、説明文と画像IDをファイルから1行ずつ読み込みながら、「**画
像ID.jpg**」という名前のファイルから画像を読み込み、400ピクセル×400ピクセルへとリサイズ
します。さらにリサイズした画像から、227ピクセル×227ピクセルの画像を5枚切り出し、1つず
つAlexNetへと入力、そしてAlexNetの「fc6」層のデータを取り出して、「**vectors**」というリ
ストに保存していきます。最後に、読み込んだ説明文を単語IDのリストとしたものとペアにして
「**sentence**」というリストに追加していけば、画像ベクトルと文章の対が作成されます。単語
IDのうち「**0**」と「**1**」は、この章でも開始文字と終端文字として扱っています。

```
SOURCE CODE    chapt09-3.pyのコード
# ファイルを読み込む
s_w = codecs.open('caption-wakati.txt', 'r', 'utf8')
s_i = codecs.open('img_id.txt', 'r', 'utf8')

# すべての画像ベクトルと説明文の対
sentence = []

# 畳み込みニューラルネットワーク
cnn = C.CaffeFunction('bvlc_alexnet.caffemodel')

if uses_device >= 0:
```

■ SECTION-027 ■ Neural Image Captionの学習

```python
    # GPUを使う
    chainer.cuda.get_device_from_id(0).use()
    chainer.cuda.check_cuda_available()
    # GPU用データ形式に変換
    cnn.to_gpu()

# 1行ずつ処理する
line = s_w.readline()
id = s_i.readline()
while line and id:
    # 行の中の単語をリストする
    l = line.strip().split(' ')
    # ファイル名を作る
    file = id.strip() + '.jpg'
    print(file)
    # ファイルを読み込む
    img = Image.open(file).resize((400,400)).convert('RGB')
    # 画像ベクトルの配列
    vectors = []
    # 四辺＋中央で5枚の画像を作る
    for s in [(0,0,227,227), #左上 \
            (173,0,400,227), #右上 \
            (0,173,227,400), #左下 \
            (173,173,400,400), #右下 \
            (86,86,313,313)]:  #中央
        # 画像から切り出し
        cropimg = img.crop(s)
        # 画素を数値データに
        pix = np.array(cropimg, dtype=np.float32)
        pix = (pix[::-1]).transpose(2,0,1)
        x = cp.array([pix], dtype=cp.float32)
        # 畳み込みニューラルネットワークのfc6層のデータを抽出
        e, = cnn(inputs={'data': x}, outputs=['fc6'], disable=['drop6'])
        # 画像ベクトルの配列に結果を追加
        vectors.append(e.data[0].copy())
    # 数値の配列
    lines = [0]
    # 単語を数値に
    for x in l:
        if x in words:
            lines.append(words[x])
    # 行が終わったところで終端文字を入れる
    lines.append(1)
    sentence.append((vectors,lines))
    # 次の行
    line = s_w.readline()
    id = s_i.readline()
```

243

■ SECTION-027 ■ Neural Image Captionの学習

```
# ファイルを閉じる
s_w.close()
s_i.close()
```

◆ 文章データの長さを揃える

バッチ処理の都合上、文章データのリストサイズを揃える必要があるのも、前章までと同様です。この処理はバッチサイズを1に固定するならば不要となるのも同様となります。

SOURCE CODE || chapt09-3.pyのコード

```
# 最長の文の長さ
l_max = max([len(l[1]) for l in sentence])
# バッチ処理の都合で全て同じ長さに揃える必要がある
for i in range(len(sentence)):
  # 足りない長さは終端文字で埋める
  sentence[i][1].extend([1]*(l_max-len(sentence[i][1])))
```

▶ 学習用のコードを作成

データを読み込むコードを作成したら、機械学習のためのコードを作成していきます。

◆ Updaterの作成

この章でもカスタムUpdaterを作成します。次のように「ImageCaptionUpdater」というクラスを作成します。

SOURCE CODE || chapt09-3.pyのコード

```
# カスタムUpdaterのクラス
class ImageCaptionUpdater(training.StandardUpdater):

  def __init__(self, iter, optimizer, device):
    super(ImageCaptionUpdater, self).__init__(
      iter,
      optimizer,
      device=device
    )

  def update_core(self):
```

◆ エンコード

逆伝播を行う「update_core」関数は、ほぼ前章のものと同様です。エンコーダー部分への入力は、合計5個のベクトルデータを順番に入力するのですが、バッチサイズとリストの次元に注意して入力データを作成するほかは、難しい部分はないと思います。

SOURCE CODE || chapt09-3.pyのコード

```
# IteratorとOptimizerを取得
train_iter = self.get_iterator('main')
optimizer = self.get_optimizer('main')
```

■ SECTION-027 ■ Neural Image Captionの学習

```python
# ニューラルネットワークを取得
model = optimizer.target

# 文を一バッチ取得
x = train_iter.__next__()
# 画像ベクトルと文を取得
vectors = [s[0] for s in x]
words = [s[1] for s in x]

# RNNのステータスをリセットする
model.reset_state()

# 画像ベクトルをエンコーダー部分に入力
for i in range(5):
    v = [s[i] for s in vectors]
    model.encode(cp.array(v, dtype=cp.float32))
```

◆ デコード

デコーダー部分の学習は、前章のものと完全に同じです。

SOURCE CODE | chapt09-3.pyのコード

```python
# 累積していく損失
loss = 0
(略)
# RNNのステータスをセットする
c, h = model.get_state()
model.set_state(c, h)

# 文の長さだけ繰り返しRNNに学習
for i in range(len(words[0])-1):
    # バッチ処理用の配列に
    batch = cp.array([s[i] for s in words], dtype=cp.int32)
    # 正解データ(次の文字)の配列に
    t = cp.array([s[i+1] for s in words], dtype=cp.int32)
    # 全部が終端文字ならそれ以上学習する必要はない
    if cp.min(batch) == 1 and cp.max(batch) == 1:
        break
    # 1つRNNを実行
    y = model.decode(batch)
    # 結果との比較
    loss += F.softmax_cross_entropy(y, t)
# 重みデータをいったんリセットする
optimizer.target.cleargrads()
# 誤差関数から逆伝播する
loss.backward()
# 新しい重みデータでアップデートする
optimizer.update()
```

■ SECTION-027 ■ Neural Image Captionの学習

▶ 実際の学習

最後に、これまでの章と同じようにChainerの機能を使って機械学習を行います。

◆ 機械学習

この章で用意したデータは、前章のものよりも文章数、語彙数共に大きくなっているので、RNNのノード数として500を設定しました。そのため、学習させる回数は前章の半分となる80エポック分ですが、実際の学習時間はより大きくなります。

```
SOURCE CODE    chapt09-3.pyのコード
```

```python
# ニューラルネットワークの作成
model = ImageCaption_NN(max(words.values())+1, 500)


if uses_device >= 0:
  # GPU用データ形式に変換
  model.to_gpu()


# 誤差逆伝播法アルゴリズムを選択
optimizer = optimizers.Adam()
optimizer.setup(model)


# Iteratorを作成
train_iter = iterators.SerialIterator(sentence, batch_size, shuffle=False)


# デバイスを選択してTrainerを作成する
updater = ImageCaptionUpdater(train_iter, optimizer, device=uses_device)
trainer = training.Trainer(updater, (80, 'epoch'), out="result")
# 学習の進展を表示するようにする
trainer.extend(extensions.ProgressBar(update_interval=1))


# 機械学習を実行する
trainer.run()


# 学習結果を保存する
chainer.serializers.save_hdf5( 'chapt09.hdf5', model )
```

以上の内容をまとめると、Neural Image Captionの学習を行うプログラムのコードは、次のようになります。

```
SOURCE CODE    chapt09-3.pyのコード
```

```python
import chainer
import chainer.functions as F
import chainer.links as L
from chainer import training, datasets, iterators, optimizers
from chainer.training import extensions
from chainer.links import caffe as C
import numpy as np
import codecs
```

■ SECTION-027 ■ Neural Image Captionの学習

```python
from PIL import Image


batch_size = 10      # バッチサイズ10
uses_device = 0      # GPU#0を使用

# GPU使用時とCPU使用時でデータ形式が変わる
if uses_device >= 0:
    import cupy as cp
else:
    cp = np


# ニューラルネットワークの定義をするクラス
class ImageCaption_NN(chainer.Chain):

    def __init__(self, n_words, n_units):
        super(ImageCaption_NN, self).__init__()
        with self.init_scope():
            # エンコーダーのレイヤー
            self.l1 = L.LSTM(4096, n_units)
            # デコーダーのレイヤー
            self.embed = L.EmbedID(n_words, n_words)
            self.l2 = L.LSTM(n_words, n_units)
            self.l3 = L.LSTM(n_units, n_units)
            self.l4 = L.Linear(n_units, n_words)

    def encode(self, x):
        c = self.l1(x)
        return c

    def decode(self, x):
        e = self.embed(x)
        h1 = self.l2(e)
        h2 = self.l3(h1)
        c = self.l4(h2)
        return c

    def get_state(self):
        return self.l1.c, self.l1.h

    def set_state(self, c, h):
        self.l2.set_state(c, h)

    def reset_state(self):
        self.l1.reset_state()
        self.l2.reset_state()
        self.l3.reset_state()
```

■ SECTION-027 ■ Neural Image Captionの学習

```python
# カスタムUpdaterのクラス
class ImageCaptionUpdater(training.StandardUpdater):

    def __init__(self, iter, optimizer, device):
        super(ImageCaptionUpdater, self).__init__(
            iter,
            optimizer,
            device=device
        )

    def update_core(self):
        # 累積していく損失
        loss = 0

        # IteratorとOptimizerを取得
        train_iter = self.get_iterator('main')
        optimizer = self.get_optimizer('main')
        # ニューラルネットワークを取得
        model = optimizer.target

        # 文を一バッチ取得
        x = train_iter.__next__()
        # 画像ベクトルと文を取得
        vectors = [s[0] for s in x]
        words = [s[1] for s in x]

        # RNNのステータスをリセットする
        model.reset_state()

        # 画像ベクトルをエンコーダー部分に入力
        for i in range(5):
            v = [s[i] for s in vectors]
            model.encode(cp.array(v, dtype=cp.float32))

        # RNNのステータスをセットする
        c, h = model.get_state()
        model.set_state(c, h)

        # 文の長さだけ繰り返しRNNに学習
        for i in range(len(words[0])-1):
            # バッチ処理用の配列に
            batch = cp.array([s[i] for s in words], dtype=cp.int32)
            # 正解データ（次の文字）の配列に
            t = cp.array([s[i+1] for s in words], dtype=cp.int32)
            # 全部が終端文字ならそれ以上学習する必要はない
            if cp.min(batch) == 1 and cp.max(batch) == 1:
                break
```

■ SECTION-027 ■ Neural Image Captionの学習

```python
    # 1つRNNを実行
    y = model.decode(batch)
    # 結果との比較
    loss += F.softmax_cross_entropy(y, t)

  # 重みデータをいったんリセットする
  optimizer.target.cleargrads()
  # 誤差関数から逆伝播する
  loss.backward()
  # 新しい重みデータでアップデートする
  optimizer.update()

# 単語のリスト
words = {}

# 単語を読み込む
f = codecs.open('caption-words.txt', 'r', 'utf8')

line = f.readline()
while line:
  l = line.strip().split(',')
  words[l[1]] = int(l[0])
  line = f.readline()
f.close()

# ファイルを読み込む
s_w = codecs.open('caption-wakati.txt', 'r', 'utf8')
s_i = codecs.open('img_id.txt', 'r', 'utf8')

# すべての画像ベクトルと説明文の対
sentence = []

# 畳み込みニューラルネットワーク
cnn = C.CaffeFunction('bvlc_alexnet.caffemodel')

if uses_device >= 0:
  # GPUを使う
  chainer.cuda.get_device_from_id(0).use()
  chainer.cuda.check_cuda_available()
  # GPU用データ形式に変換
  cnn.to_gpu()

# 1行ずつ処理する
line = s_w.readline()
id = s_i.readline()
while line and id:
```

CHAPTER **09**

画像のキャプションの生成

249

■ SECTION-027 ■ Neural Image Captionの学習

```python
    # 行の中の単語をリストする
    l = line.strip().split(' ')
    # ファイル名を作る
    file = id.strip() + '.jpg'
    print(file)
    # ファイルを読み込む
    img = Image.open(file).resize((400,400)).convert('RGB')
    # 画像ベクトルの配列
    vectors = []
    # 四辺＋中央で5枚の画像を作る
    for s in [(0,0,227,227),    #左上 \
            (173,0,400,227),    #右上 \
            (0,173,227,400),    #左下 \
            (173,173,400,400),  #右下 \
            (86,86,313,313)]:   #中央
        # 画像から切り出し
        cropimg = img.crop(s)
        # 画素を数値データに
        pix = np.array(cropimg, dtype=np.float32)
        pix = (pix[::-1]).transpose(2,0,1)
        x = cp.array([pix], dtype=cp.float32)
        # 畳み込みニューラルネットワークのfc6層のデータを抽出
        e, = cnn(inputs={'data': x}, outputs=['fc6'], disable=['drop6'])
        # 画像ベクトルの配列に結果を追加
        vectors.append(e.data[0].copy())
    # 数値の配列
    lines = [0]
    # 単語を数値に
    for x in l:
        if x in words:
            lines.append(words[x])
    # 行が終わったところで終端文字を入れる
    lines.append(1)
    sentence.append((vectors,lines))
    # 次の行
    line = s_w.readline()
    id = s_i.readline()
# ファイルを閉じる
s_w.close()
s_i.close()

# 最長の文の長さ
l_max = max([len(l[1]) for l in sentence])
# バッチ処理の都合ですべて同じ長さに揃える必要がある
for i in range(len(sentence)):
    # 足りない長さは終端文字で埋める
    sentence[i][1].extend([1]*(l_max-len(sentence[i][1])))
```

250

■ SECTION-027 ■ Neural Image Captionの学習

▼

```python
# ニューラルネットワークの作成
model = ImageCaption_NN(max(words.values())+1, 500)

if uses_device >= 0:
    # GPU用データ形式に変換
    model.to_gpu()

# 誤差逆伝播法アルゴリズムを選択
optimizer = optimizers.Adam()
optimizer.setup(model)

# Iteratorを作成
train_iter = iterators.SerialIterator(sentence, batch_size, shuffle=False)

# デバイスを選択してTrainerを作成する
updater = ImageCaptionUpdater(train_iter, optimizer, device=uses_device)
trainer = training.Trainer(updater, (80, 'epoch'), out="result")
# 学習の進展を表示するようにする
trainer.extend(extensions.ProgressBar(update_interval=1))

# 機械学習を実行する
trainer.run()

# 学習結果を保存する
chainer.serializers.save_hdf5( 'chapt09.hdf5', model )
```

　このプログラムでは、データを読み込んで画像のベクトルデータを作成する段階で大量の畳み込みニューラルネットワーク演算が行われるので、実際の学習が開始されるまでに長い時間がかかります。

　実際に学習が開始されると、次のように学習の進展が表示されます。

```
$ python3 chapt09-3.py
11265.jpg
552962.jpg
411015.jpg
・・・(略)
    total [...............................................]  0.07% '
this epoch [##.............................................]  5.76%
        3 iter, 0 epoch / 80 epochs
    0.12084 iters/sec. Estimated time to finish: 9:34:27.842539.
```

　正常に学習が終了すれば、「chapt09.hdf5」という名前でニューラルネットワークのモデルが保存されます。

09

CHAPTER

画像のキャプションの生成

251

SECTION-028

画像から文章を作成する

▶ Neural Image Captionを実行する

ニューラルネットワークのモデルが保存されたら、次は実際に画像の説明文を生成するプログラムを作成します。

◆ テスト画像の用意

実際に画像の説明文を生成する前に、説明文のもととなるテスト用画像を用意します。テスト用画像としては、パブリックドメインの写真をダウンロードできる「http://www.publicdomainpictures.net/」から、いろいろな写真を5枚ダウンロードして「test-1.jpg」から「test-5.jpg」という名前で保存しました。

◉ test-1.jpg

◉ test-2.jpg

◉ test-3.jpg

◉ test-4.jpg

◉ test-5.jpg

■ SECTION-028 ■ 画像から文章を作成する

◆ テスト画像に対する処理

　テスト用画像を用意したら、その画像を読み込んで画像の説明文を生成します。画像の読み込み部分については、学習時のコードとほぼ変わりありません。説明文の生成についても前章のものとほぼ同じで、文章内の語彙数に合わせて木探索の深さと幅を変更しているだけなので、それ以外の部分は割愛します。

SOURCE CODE || chapt09-4.pyのコード

```python
# テスト画像のリスト
test_images = ['test-1.jpg','test-2.jpg','test-3.jpg','test-4.jpg','test-5.jpg']

（略）

# 木探索で生成する最大の深さ
words_max = 15
# RNNの実行結果から検索する単語の数
beam_w = 5

（略）

# テスト画像のリスト
for i in range(len(test_images)):
  # ステータスをクリア
  model.reset_state()
  y = 0
  # 現在の画像
  sys.stdout.buffer.write(test_images[i].encode('utf-8'))
  sys.stdout.buffer.write(':\n'.encode('utf-8'))
  # 画像をニューラルネットワークに入力する
  img = Image.open(test_images[i]).resize((400,400)).convert('RGB')
  # 画像ベクトルの配列
  vectors = []
  # 四辺＋中央で5枚の画像を作る
  for s in [(0,0,227,227), #左上 \
        (173,0,400,227), #右上 \
        (0,173,227,400), #左下 \
        (173,173,400,400), #右下 \
        (86,86,313,313)]:  #中央
    # 画像から切り出し
    cropimg = img.crop(s)
    # 画素を数値データに
    pix = np.array(cropimg, dtype=np.float32)
    pix = (pix[::-1]).transpose(2,0,1)
    x = cp.array([pix], dtype=cp.float32)
    # 畳み込みニューラルネットワークのfc6層のデータを抽出
    e, = cnn(inputs={'data': x}, outputs=['fc6'], disable=['drop6'])
    # 画像ベクトルを入力
    model.encode(e.data.copy())
```

CHAPTER 09
画像のキャプションの生成

253

■ SECTION-028 ■ 画像から文章を作成する

◆ 最終的なプログラム

最終的に画像の説明文を出力するプログラムのコードは次のようになります。

SOURCE CODE | **chapt09-4.pyのコード**

```python
import chainer
import chainer.functions as F
import chainer.links as L
from chainer import training, datasets, iterators, optimizers
from chainer.training import extensions
from chainer.links import caffe as C
import numpy as np
import sys
import codecs
from PIL import Image

uses_device = 0      # GPU#0を使用

# GPU使用時とCPU使用時でデータ形式が変わる
if uses_device >= 0:
  import cupy as cp
  import chainer.cuda
else:
  cp = np

sys.stdout = codecs.getwriter('utf_8')(sys.stdout)

# ニューラルネットワークの定義をするクラス
class ImageCaption_NN(chainer.Chain):

  def __init__(self, n_words, n_units):
    super(ImageCaption_NN, self).__init__()
    with self.init_scope():
      # エンコーダーのレイヤー
      self.l1 = L.LSTM(4096, n_units)
      # デコーダーのレイヤー
      self.embed = L.EmbedID(n_words, n_words)
      self.l2 = L.LSTM(n_words, n_units)
      self.l3 = L.LSTM(n_units, n_units)
      self.l4 = L.Linear(n_units, n_words)

  def encode(self, x):
    c = self.l1(x)
    return c

  def decode(self, x):
    e = self.embed(x)
    h1 = self.l2(e)
```

■SECTION-028■ 画像から文章を作成する

```python
    h2 = self.l3(h1)
    c = self.l4(h2)
    return c

  def get_state(self):
    return self.l1.c, self.l1.h

  def set_state(self, c, h):
    self.l2.set_state(c, h)

  def reset_state(self):
    self.l1.reset_state()
    self.l2.reset_state()
    self.l3.reset_state()

# テスト画像のリスト
test_images = ['test-1.jpg','test-2.jpg','test-3.jpg','test-4.jpg','test-5.jpg']

# 単語のリスト
words = {}

# 単語を読み込む
f = codecs.open('caption-words.txt', 'r', 'utf8')

line = f.readline()
while line:
  l = line.strip().split(',')
  words[int(l[0])] = l[1]
  line = f.readline()
f.close()

# 畳み込みニューラルネットワーク
cnn = C.CaffeFunction('bvlc_alexnet.caffemodel')

# ニューラルネットワークの作成
model = ImageCaption_NN(max(words.keys())+1, 500)

if uses_device >= 0:
  # GPUを使う
  chainer.cuda.get_device_from_id(0).use()
  chainer.cuda.check_cuda_available()
  # GPU用データ形式に変換
  cnn.to_gpu()
  model.to_gpu()

# 学習結果を読み込む
chainer.serializers.load_hdf5( 'chapt09.hdf5', model )
```

255

■SECTION-028■ 画像から文章を作成する

```python
# 木探索で生成する最大の深さ
words_max = 15
# RNNの実行結果から検索する単語の数
beam_w = 5
# 生成した文のリスト
sentences = []
# 木探索のスタック
model_history = [model]
# 現在生成中の文
cur_sentence = [0]      # 開始文字
# 現在生成中の文のスコア
cur_score = []
# 最大のスコア
max_score = 0

# 再帰関数の木探索
def Tree_Traverse():
  global max_score
  # 現在の単語を取得する
  cur_word = cur_sentence[-1]
  # 文のスコア
  score = np.prod(cur_score)
  # 現在の文の長さ
  deep = len(cur_sentence)
  # 枝刈り - 単語数が5以上で最大スコアの6割以下なら、終わる
  if deep > 5 and max_score * 0.6 > score:
    return
  # 終了文字か、最大の文の長さ以上なら、文を追加して終わる
  if cur_word == 1 or deep > words_max:
    # 文のデータをコピー
    data = np.array(cur_sentence)
    # 文を追加
    sentences.append((score, data))
    # 最大スコアを更新
    if max_score < score:
      max_score = score
    return
  # 現在のニューラルネットワークのステータスをコピーする
  cur_model = model_history[-1].copy()
  # 入力値を作る
  x = cp.array([cur_word], dtype=cp.int32)
  # ニューラルネットワークに入力する
  y = cur_model.decode(x)
  # 実行結果を正規化する
  z = F.softmax(y)
  # 結果のデータを取得
```

■ SECTION-028 ■ 画像から文章を作成する

```python
    result = z.data[0]
    if uses_device >= 0:
      result = chainer.cuda.to_cpu(result)
    # 結果を確立順に並べ替える
    p = np.argsort(result)[::-1]
    # 現在のニューラルネットワークのステータスを保存する
    model_history.append(cur_model)
    # 結果から上位のものを次の枝に回す
    for i in range(beam_w):
      # 現在生成中の文に1文字追加する
      cur_sentence.append(p[i])
      # 現在生成中の文のスコアに1つ追加する
      cur_score.append(result[p[i]])
      # 再帰呼び出し
      Tree_Traverse()
      # 現在生成中の文を1つ戻す
      cur_sentence.pop()
      # 現在生成中の文のスコアを1つ戻す
      cur_score.pop()
    # ニューラルネットワークのステータスを1つ戻す
    model_history.pop()


# テスト画像のリスト
for i in range(len(test_images)):
  # ステータスをクリア
  model.reset_state()
  y = 0
  # 現在の画像
  sys.stdout.buffer.write(test_images[i].encode('utf-8'))
  sys.stdout.buffer.write(':\n'.encode('utf-8'))
  # 画像をニューラルネットワークに入力する
  img = Image.open(test_images[i]).resize((400,400)).convert('RGB')
  # 画像ベクトルの配列
  vectors = []
  # 四辺＋中央で5枚の画像を作る
  for s in [(0,0,227,227), #左上 \
        (173,0,400,227), #右上 \
        (0,173,227,400), #左下 \
        (173,173,400,400), #右下 \
        (86,86,313,313)]:  #中央
    # 画像から切り出し
    cropimg = img.crop(s)
    # 画素を数値データに
    pix = np.array(cropimg, dtype=np.float32)
    pix = (pix[::-1]).transpose(2,0,1)
    x = cp.array([pix], dtype=cp.float32)
```

CHAPTER 09

画像のキャプションの生成

257

■ SECTION-028 ■ 画像から文章を作成する

```python
    # 畳み込みニューラルネットワークのfc6層のデータを抽出
    e, = cnn(inputs={'data': x}, outputs=['fc6'], disable=['drop6'])
    # 画像ベクトルを入力
    model.encode(e.data.copy())

# ステータスを引き継ぐ
c, h = model.get_state()
model.set_state(c, h)

# 変数を初期化
sentences = []
model_history = [model]
cur_sentence = [0]      # 開始文字
cur_score = []
max_score = 0

# 木検索して文章を生成する
Tree_Traverse()

# スコアの高いものから順に表示する
result_set = sorted(sentences, key=lambda x: x[0])[::-1]
# 5個または全部の少ない方の数だけ表示
for i in range(min([5,len(result_set)])):
    # 結果を取得
    s, l = result_set[i]
    r = str(s) + '\t'
    for w in l:
        if w > 1:
            r += words[int(w)] + ' '
    r += '\n'
    # 実行結果を表示する
    sys.stdout.buffer.write(r.encode('utf-8'))
    sys.stdout.buffer.flush()
```

▶ 実際に実行する

　それでは実際にプログラムを動かして、どのような説明文が出力されるか見てみます。

　以下に、このプログラムを実行して出力された結果に掲載します。テスト用として用意した画像は、3匹の猫、列車、時計台、2匹のシマウマ、乗馬の写真ですが、写真に写っているものに関してはおおむね正しく認識して文章を生成してくれていることがわかります。

■ SECTION-028 ■ 画像から文章を作成する

```
$ python3 chapt09-4.py
test-1.jpg:
0.155962     鉢 の 中 を 猫 が 覗き 込ん で い ます 。
0.123041     猫 が 座って こちら を み て い ます 。
0.117003     猫 が カメラ の 方 を 向い て い ます 。
1.56512e-07 ホッキョクグマ です 。
1.27972e-09 ホッキョクグマ が いる
test-2.jpg:
0.387292     列車 が ホーム に 停車 し て い ます 。
0.321525     列車 が 線路 に 止まって い ます 。
0.20617 列車 が 線路 を 走って い ます 。
test-3.jpg:
0.569003     時計 塔 の 時計 が 見える 広場 です 。
test-4.jpg:
0.843104     草原 に シマウマ が 佇ん で い ます 。
8.23158e-11 女性 テニス 。
6.87914e-12 女性 テニス 草原
7.19532e-15 女性 テニス 選手
2.99409e-20 シマウマ キリン たち
test-5.jpg:
0.203766     馬 が 三 頭 走る 競馬 の 一 場面 です 。
0.138398     男性 が 牛 3 頭 を 犬 と 追って い ます
0.0865151   草原 に は 二 頭 の ヤギ が い ます
0.0833121   草原 に 羊 の 親子 が い ます 。
1.3757e-20   キリン たち たち
```

　出力された文章にはやや過学習気味の傾向が見て取れますが、これは学習させた画像と文章の数が少ないため、仕方のない面があります。

　この章の例のように短い文章だけを利用するのではなく、YJCaptionsに含まれているすべての文章を学習させれば、より良い結果が出力されるようになると思われます。

CHAPTER 09

画像のキャプションの生成

259

INDEX

記号

__call__	38
__init__	38

A・B・C・D

Adam	23
AlexNet	238
A Neural Algorithm of Artistic Style	114
asarray	49
astype	49
AveragePooling層	21
Batch Normalization	85
BatchNormalization	85
Chainer	35
Chainer-GOGH	114
COCOプロジェクト	233
convert	49
Convolution2D	38
copy	160
CUDA	27
cuDNN	31
cupy	48
DCGAN	84

E・F・G・I・J

EmbedID	199
encoder-decoder翻訳モデル	190
EOS	137, 170
extract	121
FSRCNN	54
GAN	82
gdal	56
gdal_translate	57
Generative Adversarial Nets	82
gensim	179
GPU	26
Image.open	49
Imageモジュール	48
iterators.SerialIterator	44
JYCaption	233

L・M・N・O

Leaky ReLU関数	61
Linear	38
lstm	200
LSTM	192
MaxPooling層	21
mean_absolute_error	63
mean_squared_error	63
Mean値	126
MeCab	136
MNISTデータセット	44
Model Zoo	238
MomentumSGD	22
Neural Image Caption	230
numpy	48
optimizers	44

P・R・S・V・W

PIL	48
prelu	62
PReLU	62
PReLU関数	62
Python	27
Recurrent Neural Network	136
ReLU関数	61
reshape	49
RNN	22, 136, 139
Scrapy	60
Selenium	60
setup	44
SGD	22
Sigmoid関数	88
softmax	39
softmax_cross_entropy	39, 63
Softmax関数	19
Softplus関数	89
Splinter	60
SRCNN	54
VGG16	115
W-GAN	84
Word2Vec	177, 179

INDEX

あ行

枝	160
枝刈り	162

か行

開発環境	26
過学習	19
学習アルゴリズム	22
学習条件	37
画像認識	48
活性化関数	18
機械学習	13
機械翻訳	190
木探索	159
キャプション	230
計算グラフ	16
形態素	136
形態素解析	136,170
コーパス	195
誤差	13
誤差逆伝播法	14
誤差勾配	14

さ行

再帰型ニューラルネットワーク	139
自然言語処理	136
終端文字	137
順伝播型ニューラルネットワーク	12
人工知能	10
人工知能ブーム	10
人工ニューロン	11
スクレイピング	55,60
スタイル行列	116
スナップショット	68
全結合層	20
損失	13
損失関数	13

た行

ダートマス会議	10
対訳データ	195
畳み込み層	20
畳み込みニューラルネットワーク	20
超解像	54
著作権	119
ディープラーニング技術	10
ドロップアウト	22

な行

ニューラルネットワーク	11

は行

パープレキシティ	138
バッチ処理	19
品詞	170
プーリング層	21
ベクトル化	177,238

ま行

ミニバッチ	19

ら行

ライブラリ	37

参考文献

◆CHAPTER 03　高解像度の画像の自動生成

[3-1]
Chao Dong, Chen Change Loy, Kaiming He, Xiaoou Tang
"Learning a Deep Convolutional Network for Image Super-Resolution"
http://personal.ie.cuhk.edu.hk/~ccloy/files/eccv_2014_deepresolution.pdf

[3-2]
Chao Dong, Chen Change Loy, Xiaoou Tang
"Accelerating the Super-Resolution Convolutional Neural Network"
https://arxiv.org/abs/1608.00367

◆CHAPTER 04　画像の自動生成

[4-1]
Ian J. Goodfellow, Jean Pouget-Abadie, Mehdi Mirza, Bing Xu, David Warde-Farley,
Sherjil Ozair, Aaron Courville, Yoshua Bengio
"Generative Adversarial Nets"
https://papers.nips.cc/paper/5423-generative-adversarial-nets

[4-2]
Alec Radford, Luke Metz, Soumith Chintala
"Unsupervised Representation Learning with Deep Convolutional Generative Adversarial
Networks"
https://arxiv.org/abs/1511.06434

[4-3]
Martin Arjovsky, Soumith Chintala, Léon Bottou
"Wasserstein GAN"
https://arxiv.org/abs/1701.07875

[4-4]
Sergey Ioffe, Christian Szegedy
"Batch Normalization: Accelerating Deep Network Training by Reducing Internal
Covariate Shift"
https://arxiv.org/abs/1502.03167

◆CHAPTER 05　画像のスタイル変換

[5-1]
Leon A. Gatys, Alexander S. Ecker, Matthias Bethge
"A Neural Algorithm of Artistic Style"
https://arxiv.org/abs/1508.06576

◆CHAPTER 06　文章の自動生成

[6-1]
Tomáš Mikolov, Martin Karafiát, Lukáš Burget, Jan "Honza" Černocký, Sanjeev
Khudanpur
"Recurrent neural network based language model"
http://www.fit.vutbr.cz/research/groups/speech/publi/2010/
mikolov_interspeech2010_IS100722.pdf

◆CHAPTER 07　意味のある文章の自動生成

[7-1]
Tomas Mikolov, Kai Chen, Greg Corrado, Jeffrey Dean
"Efficient Estimation of Word Representations in Vector Space"
https://arxiv.org/abs/1301.3781

[7-2]
Yoav Goldberg, Omer Levy
"word2vec Explained: Deriving Mikolov et al.'s Negative-Sampling Word-Embedding Method"
https://arxiv.org/abs/1402.3722

◆CHAPTER 08　機械翻訳

[8-1]
Kyunghyun Cho, Bart van Merriënboer, Caglar Gulcehre, Dzmitry Bahdanau, Fethi Bougares, Holger Schwenk, Yoshua Bengio
"Learning Phrase Representations using RNN Encoder–Decoder for Statistical Machine Translation"
https://arxiv.org/abs/1406.1078

◆CHAPTER 09　画像のキャプションの自動生成

[9-1]
Oriol Vinyals, Alexander Toshev, Samy Bengio, Dumitru Erhan
"Show and Tell: A Neural Image Caption Generator"
http://www.cv-foundation.org/openaccess/content_cvpr_2015/papers/
Vinyals_Show_and_Tell_2015_CVPR_paper.pdf

[9-2]
Andrej Karpathy, Li Fei-Fei
"Deep Visual-Semantic Alignments for Generating Image Descriptions"
http://cs.stanford.edu/people/karpathy/cvpr2015.pdf

■著者紹介

坂本 俊之(さかもと としゆき) 株式会社イエラエセキュリティ AI戦略室 主任
現在は人工知能を使用したセキュリティ診断や、人工知能に対する欺瞞・攻撃方法の研究を行う。

E-Mail:tanrei@nama.ne.jp

編集担当:吉成明久 / カバーデザイン:秋田勘助(オフィス・エドモント)
写真:©DENYS Rudyi - stock.foto

● 特典がいっぱいのWeb読者アンケートのお知らせ

C&R研究所ではWeb読者アンケートを実施しています。アンケートにお答えいただいた方の中から、抽選でステキなプレゼントが当たります。詳しくは次のURLのトップページ左下のWeb読者アンケート専用バナーをクリックし、アンケートページをご覧ください。

C&R研究所のホームページ http://www.c-r.com/

携帯電話からのご応募は、右のQRコードをご利用ください。

**Chainerで作る
コンテンツ自動生成AIプログラミング入門**

2017年12月22日 初版発行

著 者	坂本俊之
発行者	池田武人
発行所	株式会社 シーアンドアール研究所
新潟県新潟市北区西名目所4083-6(〒950-3122)
電話 025-259-4293 FAX 025-258-2801
印刷所	株式会社 ルナテック

ISBN978-4-86354-234-1 C3055
©Sakamoto Toshiyuki, 2017   Printed in Japan

本書の一部または全部を著作権法で定める範囲を越えて、株式会社シーアンドアール研究所に無断で複写、複製、転載、データ化、テープ化することを禁じます。

落丁・乱丁が万一ございました場合には、お取り替えいたします。弊社までご連絡ください。